高职高专机械设计与制造专业规划教材

三维 CAD/CAM 习题集

张秀玲　编　著

清华大学出版社
北　京

内 容 简 介

随着制造业的迅速发展，制造业专业人才需求不断增长，而 CAD/CAM 软件的广泛应用，极大地推进了制造业的发展。工程制图作为制造专业的基础，也由于 CAD/CAM 软件的应用，取得了很大的进步。

本书是三维 CAD/CAM 的习题集，习题内容由浅入深，可配合 Pro/ENGINEER、UG、MasterCAM、Cimatron、Visi-CAD/CAM、SolidWorks 等 CAD/CAM 软件教材使用，供读者进行二维草图、三维曲线、三维零件造型、装配图、工程图、数控加工、分模等应用训练，读者可以在实际练习的过程中快速提高应用水平。

本书适合高等院校机械、数控、模具及相关专业学生选用，也可供相关企事业单位专业技术人员参考。

本书封面贴有清华大学出版社防伪标签，无标签者不得销售。
版权所有，侵权必究。举报：010-62782989，beiqinquan@tup.tsinghua.edu.cn。

图书在版编目(CIP)数据

三维 CAD/CAM 习题集/张秀玲编著. --北京：清华大学出版社，2012(2024.8 重印)
(高职高专机械设计与制造专业规划教材)
ISBN 978-7-302-29970-7

Ⅰ.①三… Ⅱ.①张… Ⅲ.①机械设计—计算机辅助设计—高等职业教育—教材 ②机械制造—计算机辅助制造—高等职业教育—教材 Ⅳ.①TH122

中国版本图书馆 CIP 数据核字(2012)第 209352 号

责任编辑：李玉萍　张彦青
封面设计：杨玉兰
责任校对：陆卫民
责任印制：宋　林

出版发行：清华大学出版社
　　　　网　　址：https://www.tup.com.cn，https://www.wqxuetang.com
　　　　地　　址：北京清华大学学研大厦 A 座　　邮　编：100084
　　　　社 总 机：010-83470000　　　　　　　　邮　购：010-62786544
　　　　投稿与读者服务：010-62776969，c-service@tup.tsinghua.edu.cn
　　　　质量反馈：010-62772015，zhiliang@tup.tsinghua.edu.cn
　　　　课件下载：https://www.tup.com.cn，010-62791865

印 装 者：三河市人民印务有限公司
经　　销：全国新华书店
开　　本：185mm×260mm　　印　张：8.25　　字　数：198 千字
版　　次：2012 年 9 月第 1 版　　　　　　　印　次：2024 年 8 月第 8 次印刷
定　　价：26.00 元

产品编号：046150-02

前　　言

随着机械加工技术的发展和计算机技术的进步，Pro/ENGINEER、UG、Cimatron、SolidWorks、MasterCAM 等 CAD/CAM 软件广泛地应用在机械、汽车、航空航天、家电等产品造型、模具设计、制造等领域。随着制造业的迅速发展，需要大量的产品设计、模具设计、制造专业人才。要想设计出更多、更新的机械产品，除了要掌握必要的专业知识外，还必须具备灵活运用 CAD/CAM 软件的能力，这就需要一本好的习题集训练 CAD/CAM 软件的应用能力。

作者在多年 CAD/CAM 软件教学实践中体会到，教学质量的提高取决于上机训练和综合练习。本书参照高等职业技术教育的培养目标和特点，结合实践教学经验及企业用人需求，加强了对学生知识和技能的综合训练，是 CAD/CAM 软件技术的配套教材。通过本书中典型实例的训练，可以提高读者的 CAD/CAM 软件应用能力，快速掌握产品建模的全过程。

国内的外资企业、台资企业越来越多，而这些企业的图纸多数都采用第三角画法，为了更好地帮助工科专业学生适应国内外机械工业发展的需要，提高他们阅读和绘制图纸的能力，本书图纸均采用第三角画投影法，以适应企业用人需求。

本书由湖南生物机电职业技术学院张秀玲等编著。参加本书编写的还有湖南生物机电职业技术学院的周旭红、廉朗冲和张军。由于水平有限，不足之处恳请广大读者批评指正。

编　者

目 录

习题 1 绘制二维草图 1
习题 2 绘制三维模型图 13
习题 3 绘制三维线架构图 55
习题 4 绘制二维图及编制刀具路径 60
习题 5 绘制零件图与装配图 70
习题 6 绘制工程图及标注尺寸 90
习题 7 模具设计 115
参考文献 126

习题 1　绘制二维草图

按照图尺寸绘制二维草图。圆弧连接要光滑，利用约束、镜像、复制等功能绘制轮廓。

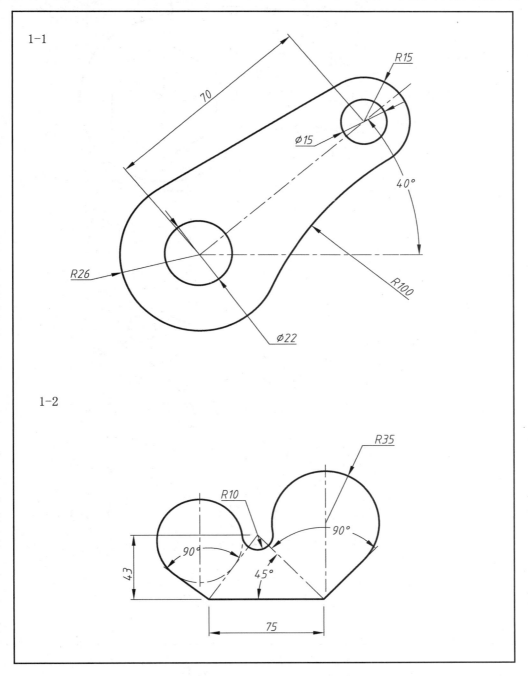

1-1

1-2

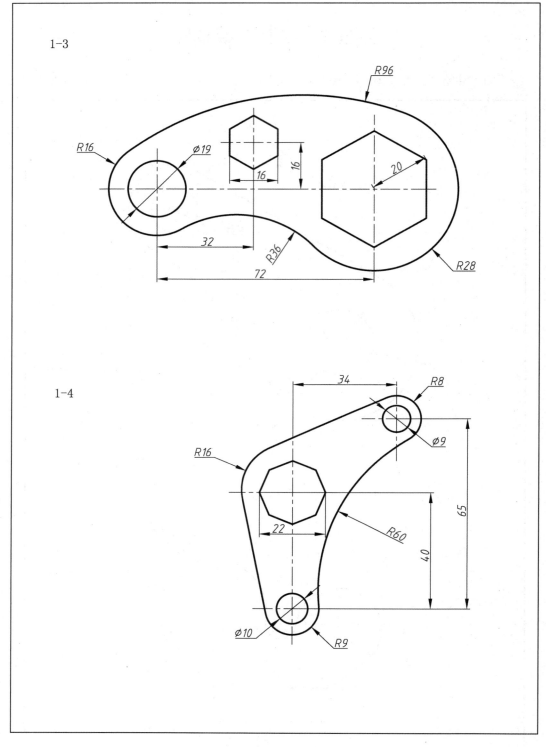

班级_____ 学号_____ 姓名_____

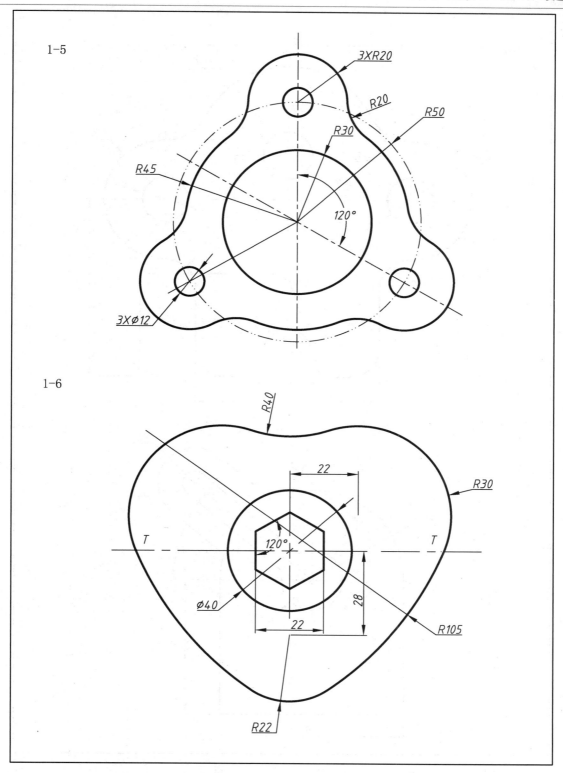

1-7

1-8

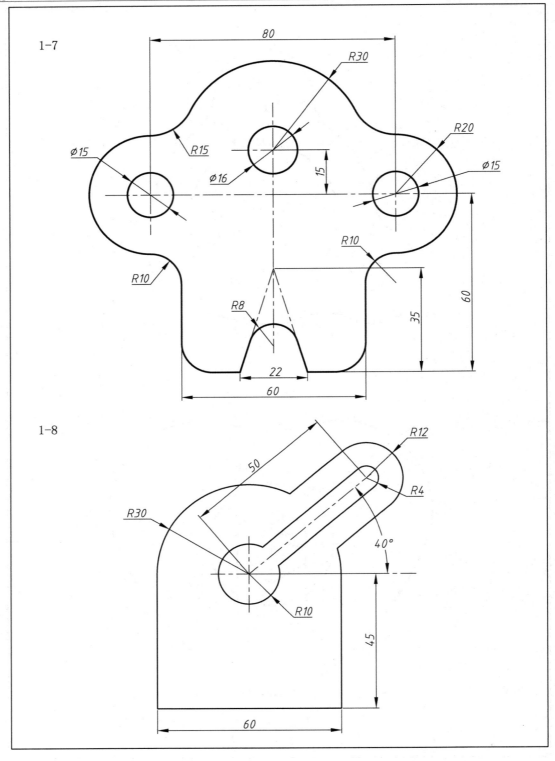

班级_____ 学号_____ 姓名_____

1-9

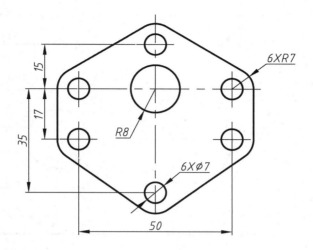

1-10

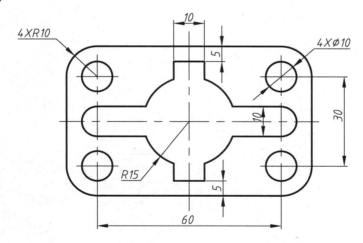

1-11

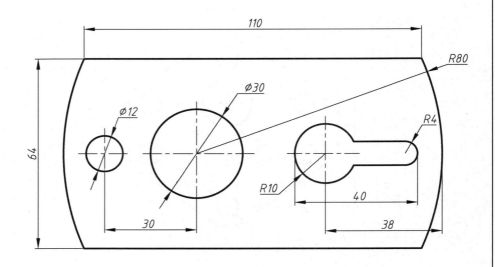

1-12

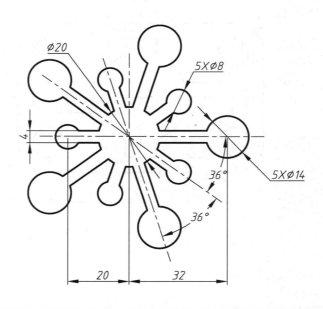

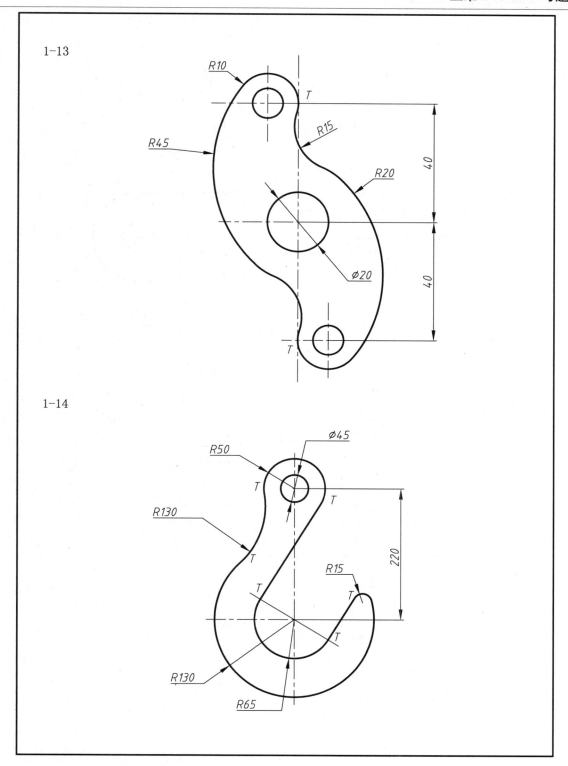

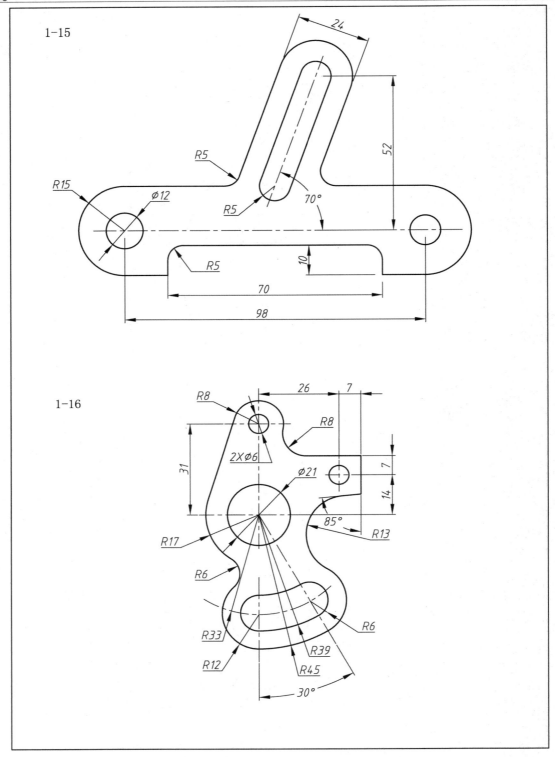

1-15

1-16

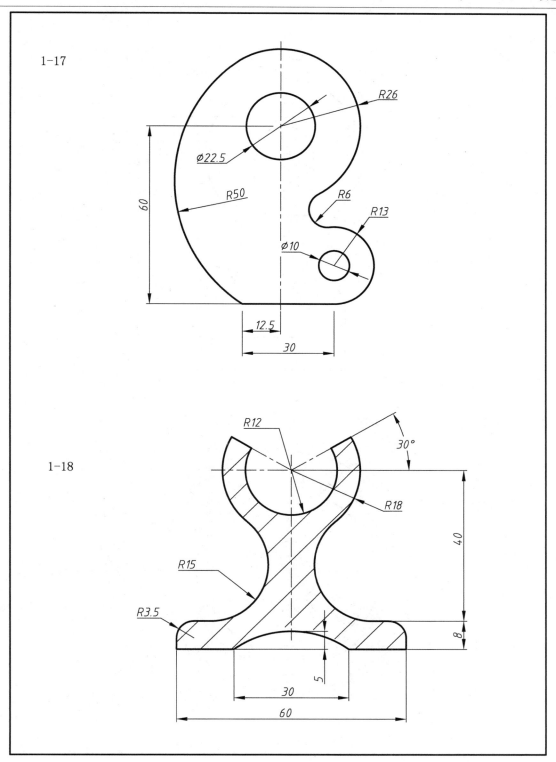

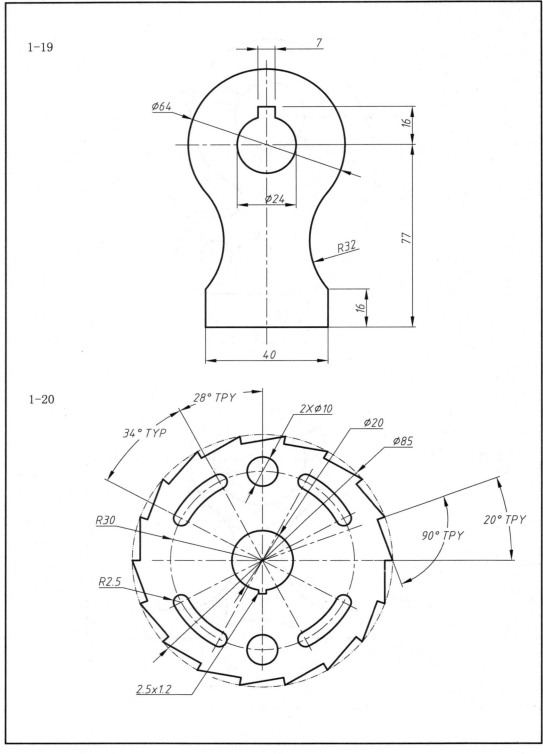

1-21

弧1、弧2 的圆心在 A1 线上
弧3、弧4 的圆心在 A2 线上

1-22

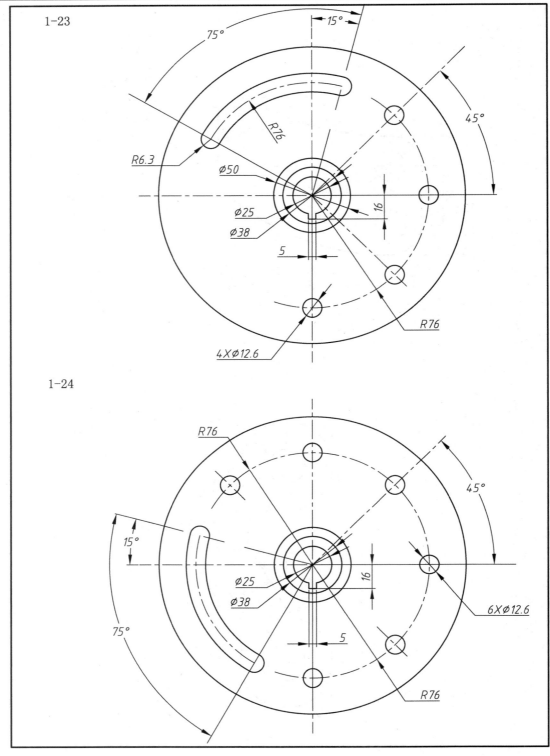

习题 2　绘制三维模型图

一、按照样图尺寸创建三维模型图。

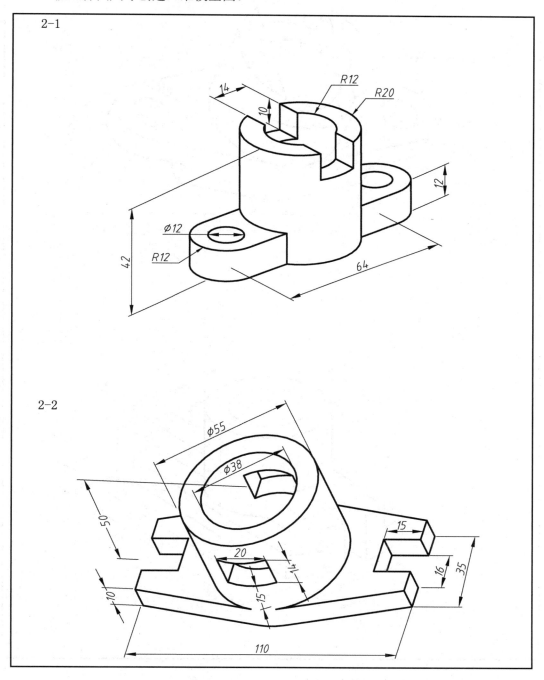

2-1

2-2

2-3

2-4

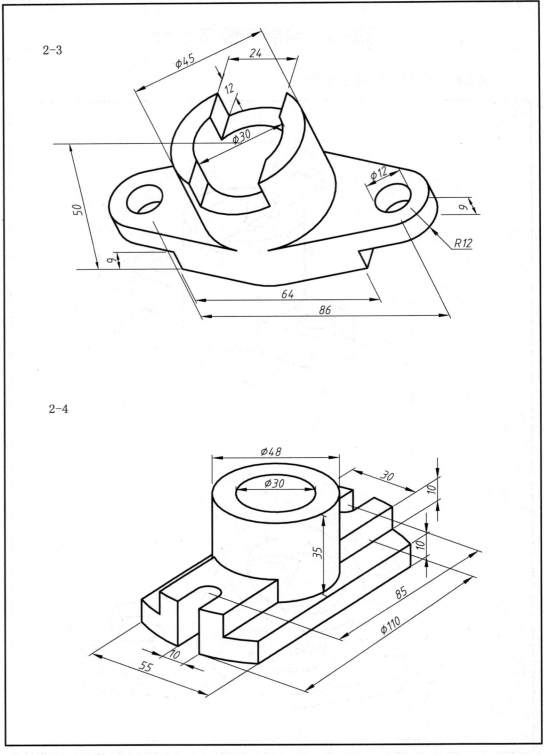

2-5

2-6

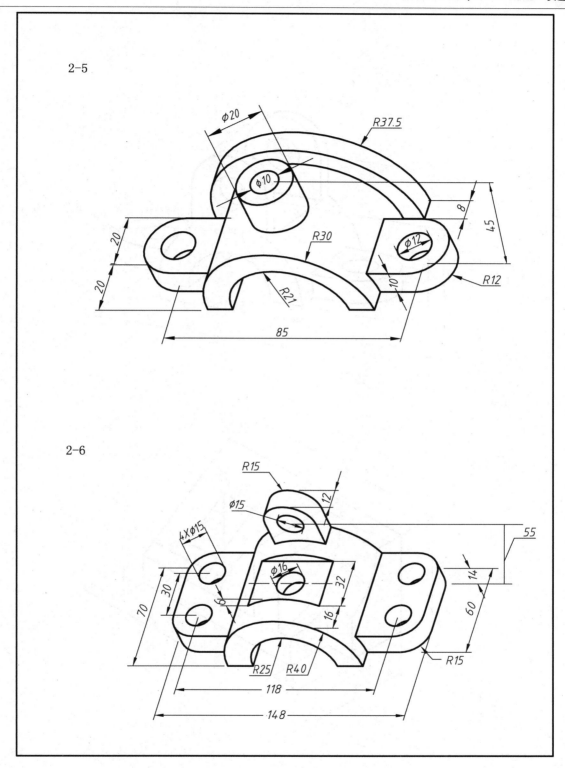

2-7

2-8

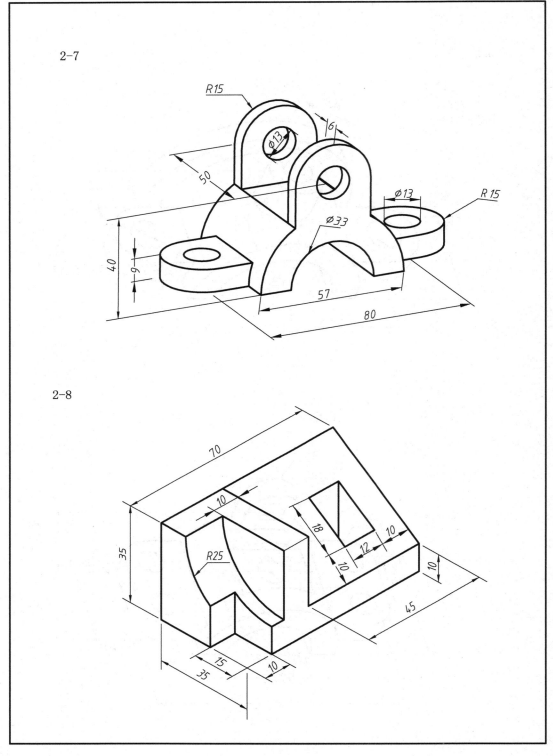

2-9

2-10

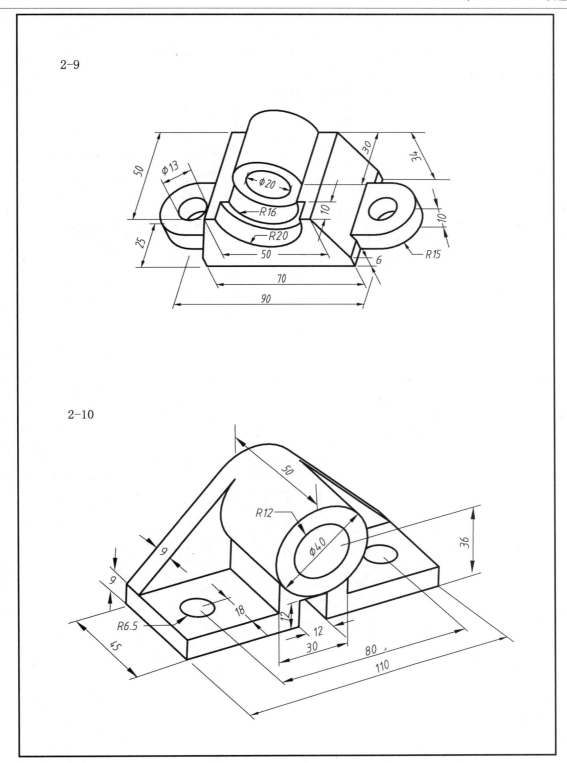

班级_____ 学号_____ 姓名_____

2-11

2-12

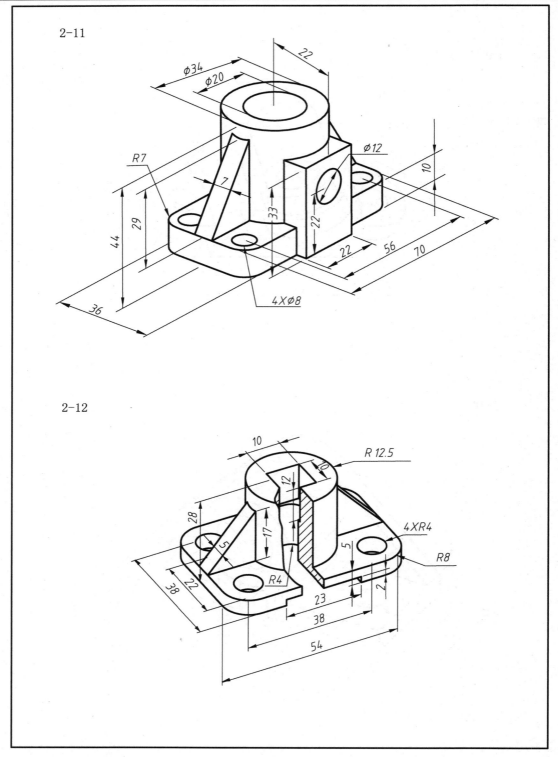

2-13

2-14

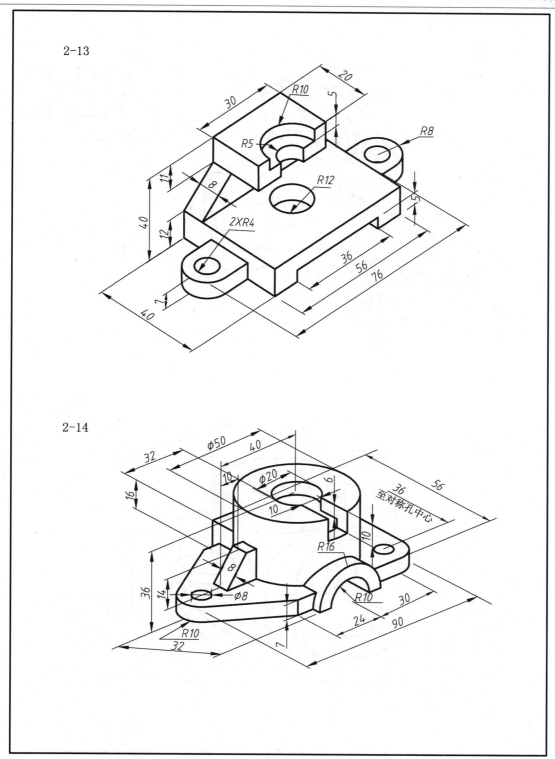

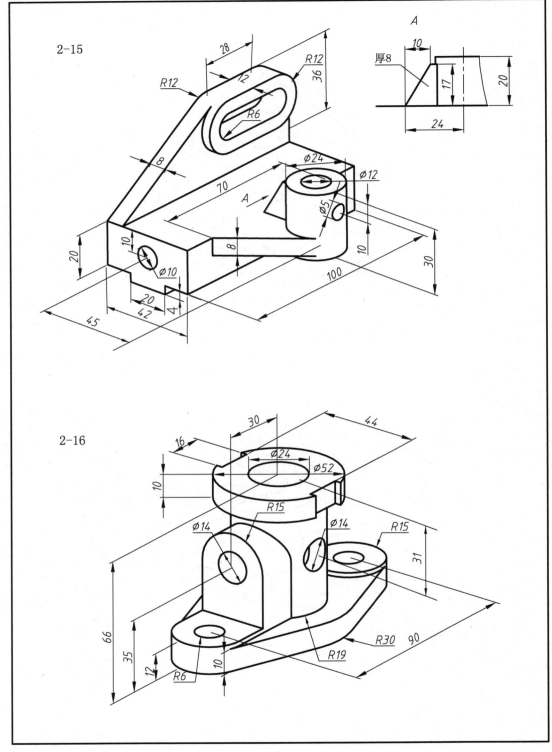

2-17

2-18

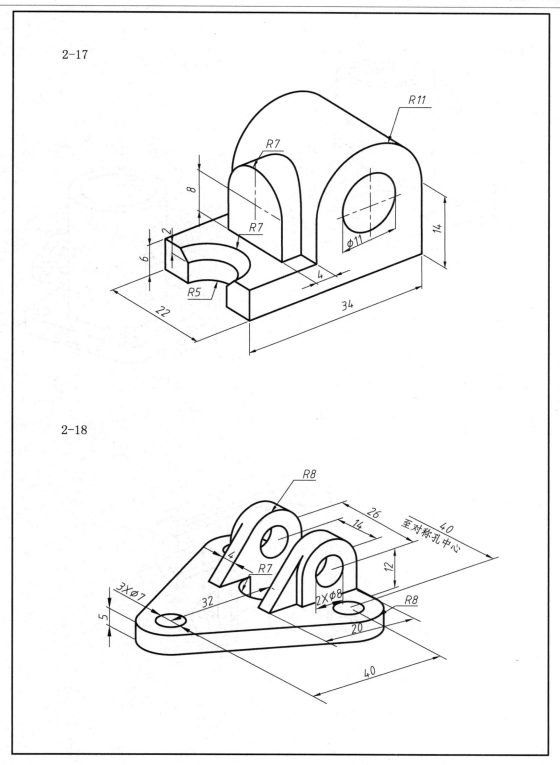

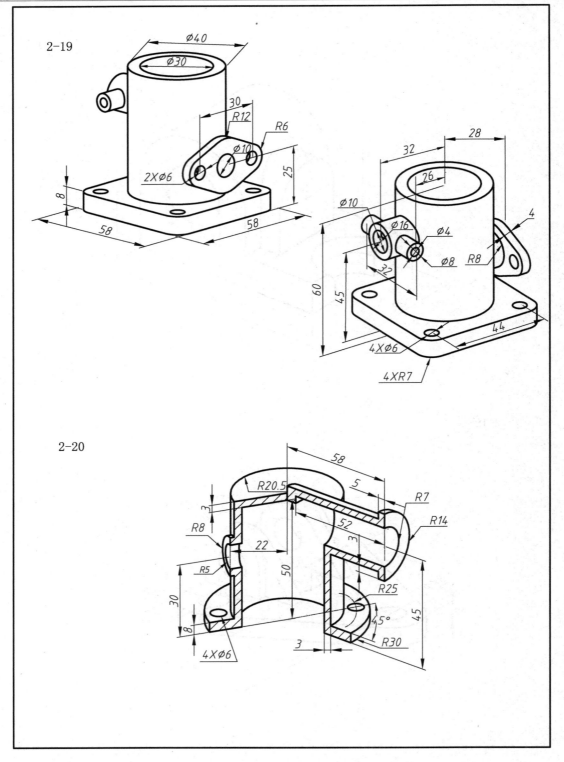

二、根据已知视图，按尺寸创建三维模型图。

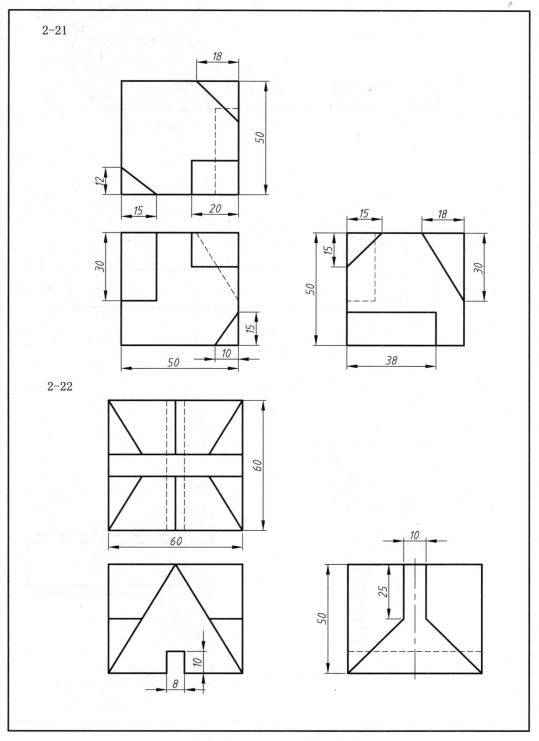

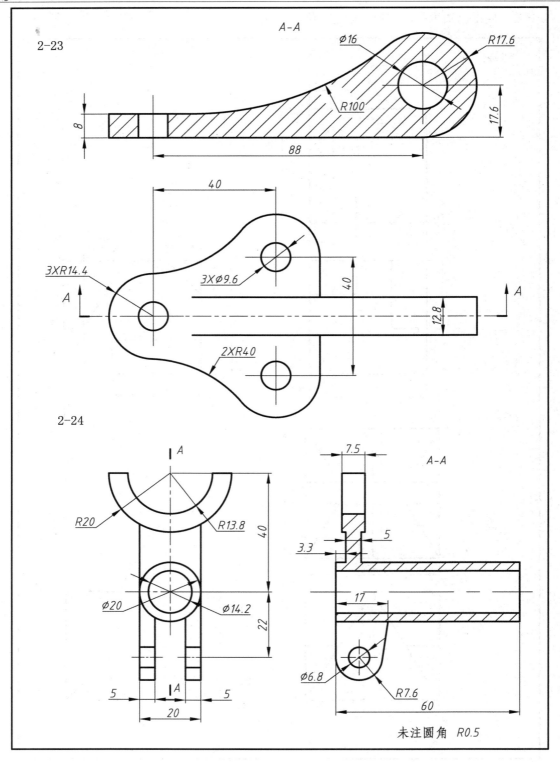

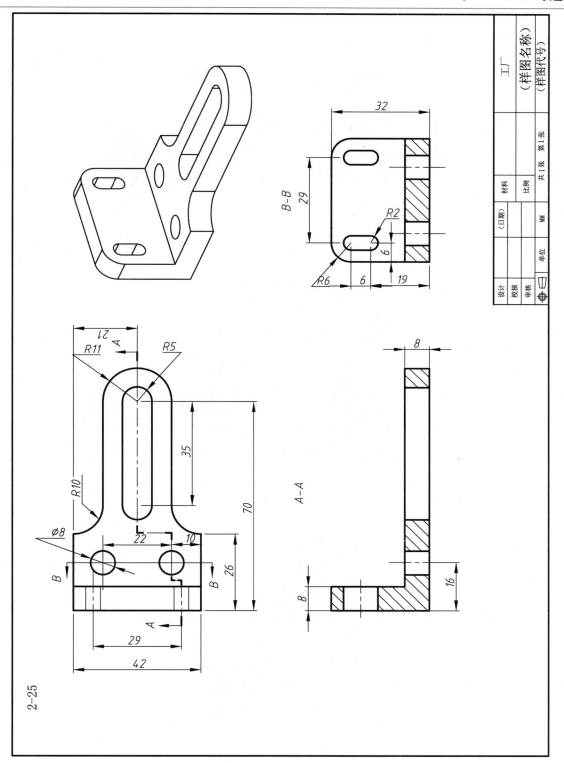

2-26

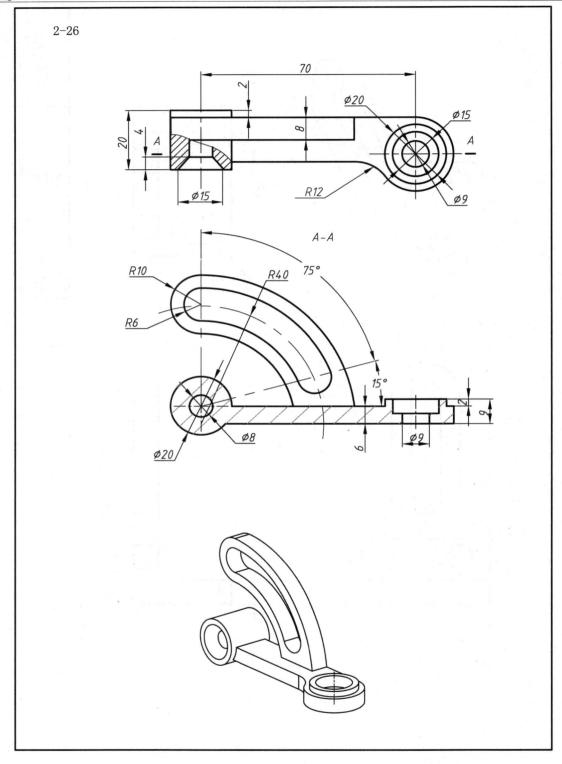

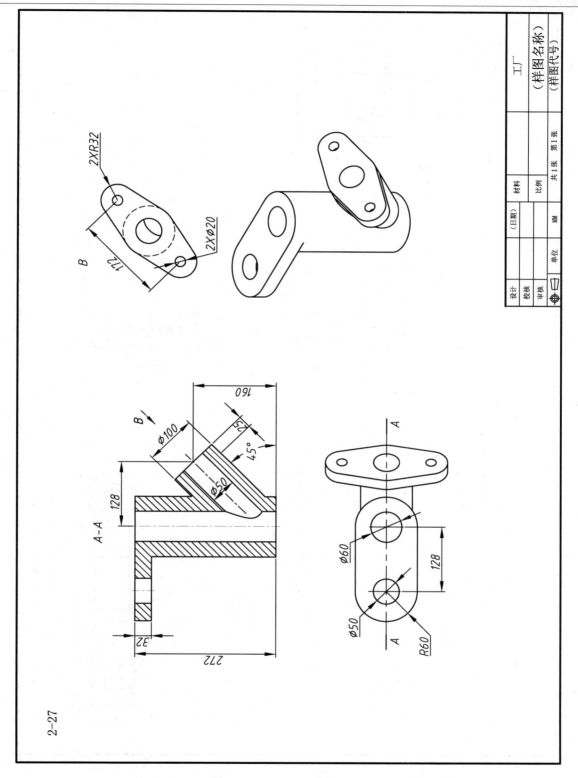

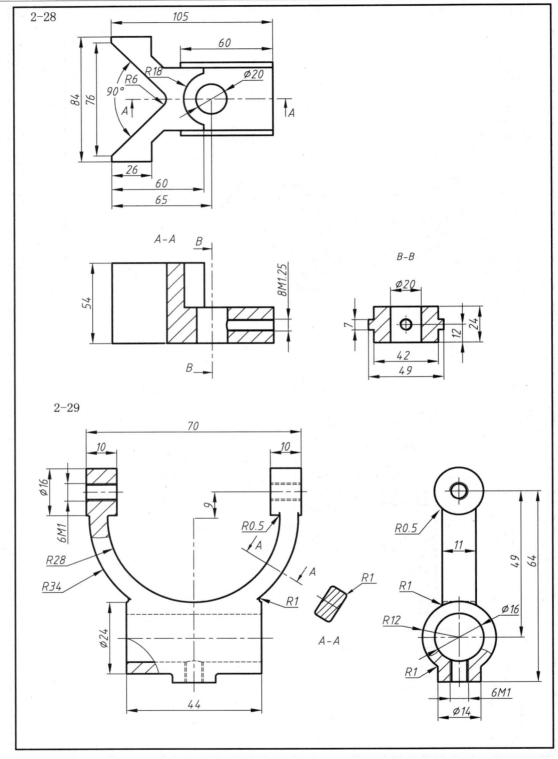

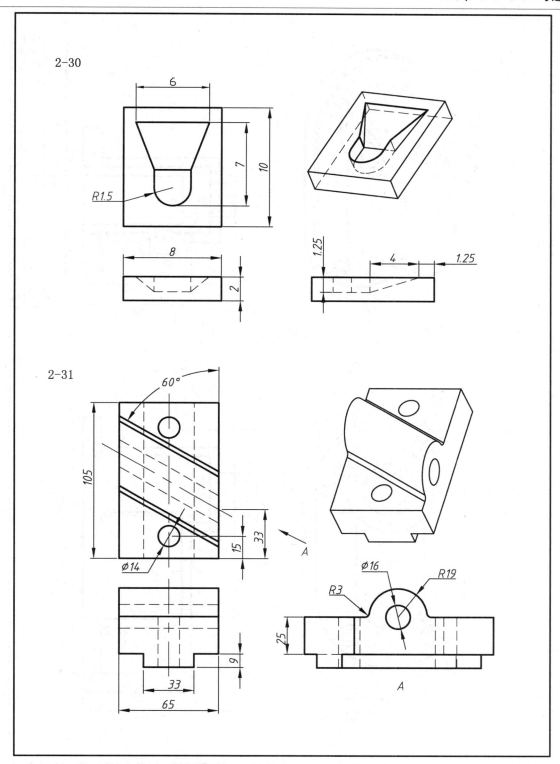

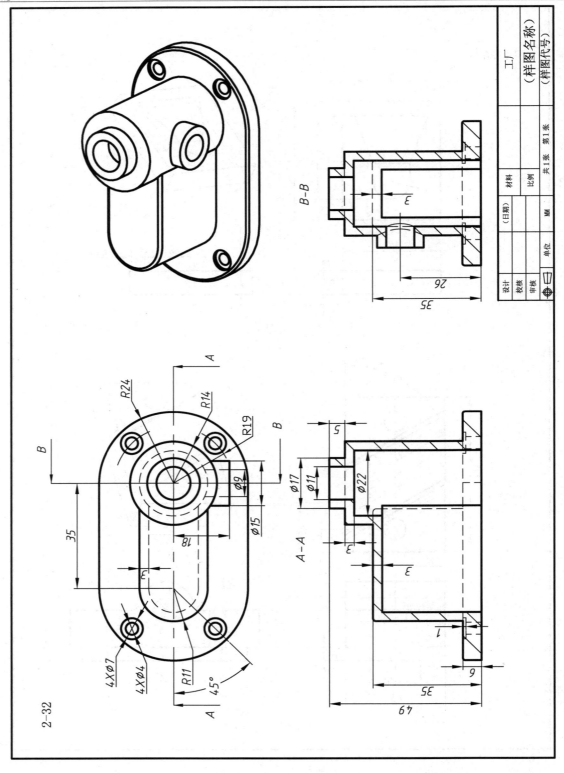

2-32

班级_____ 学号_____ 姓名_____

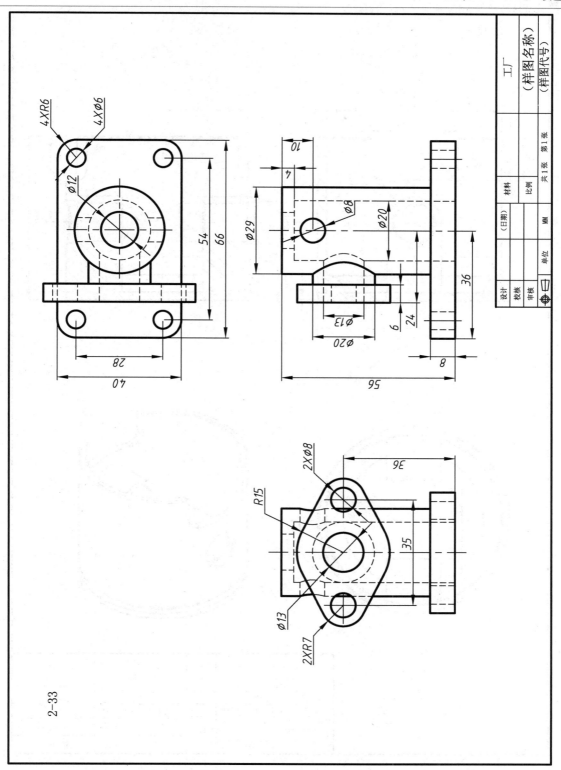

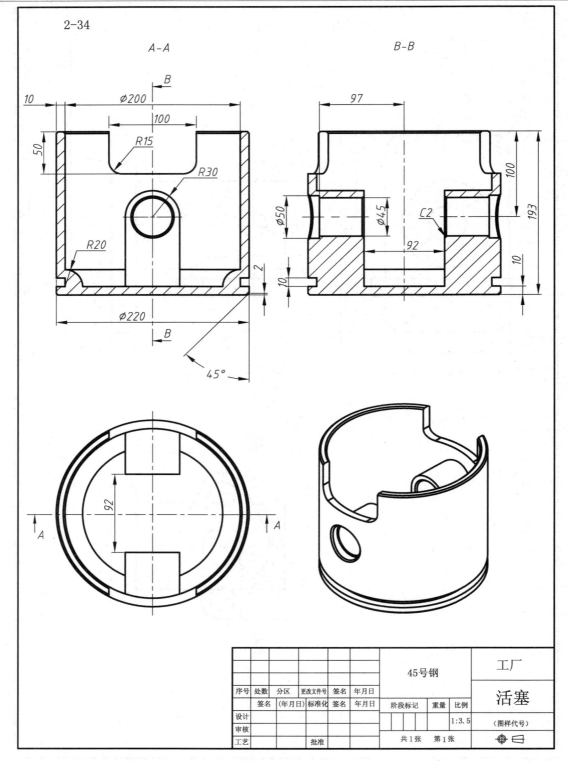

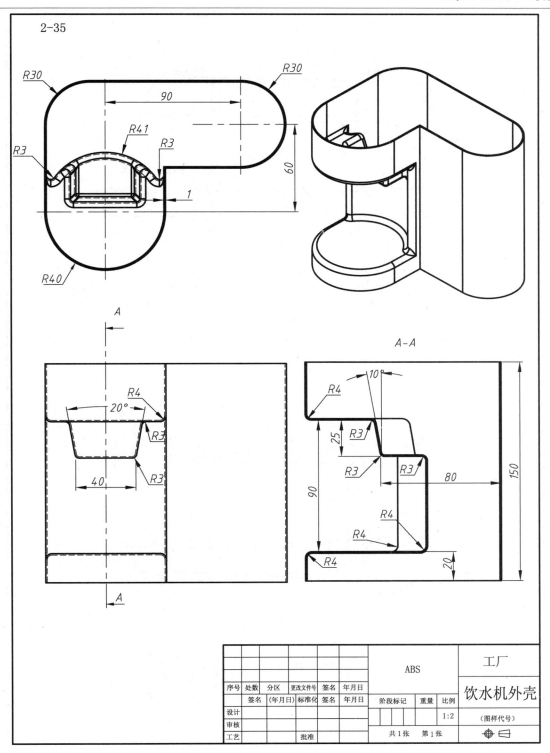

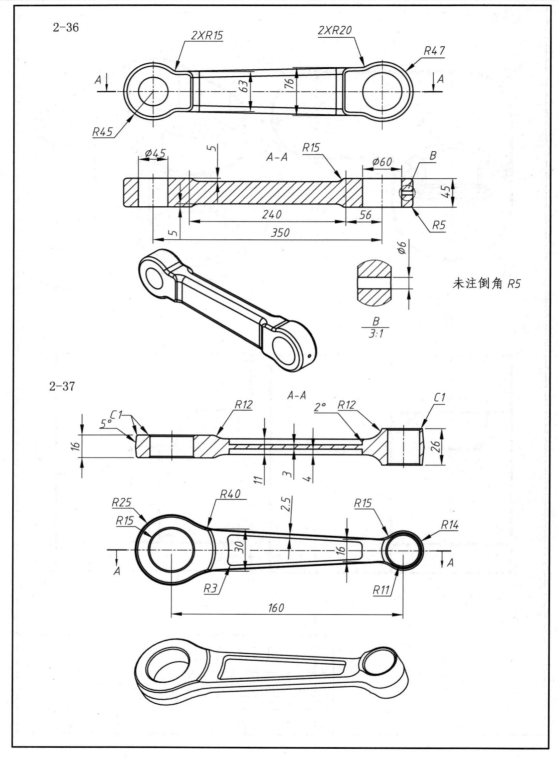

2-38

2-39

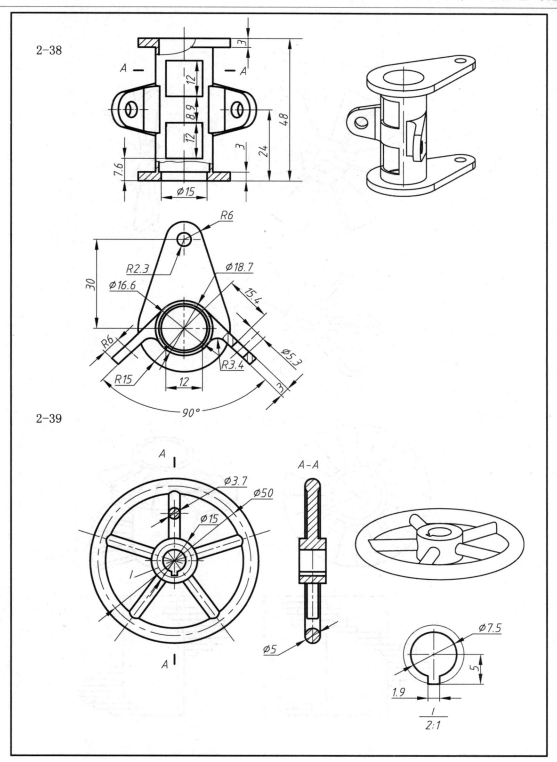

2-40

2-41

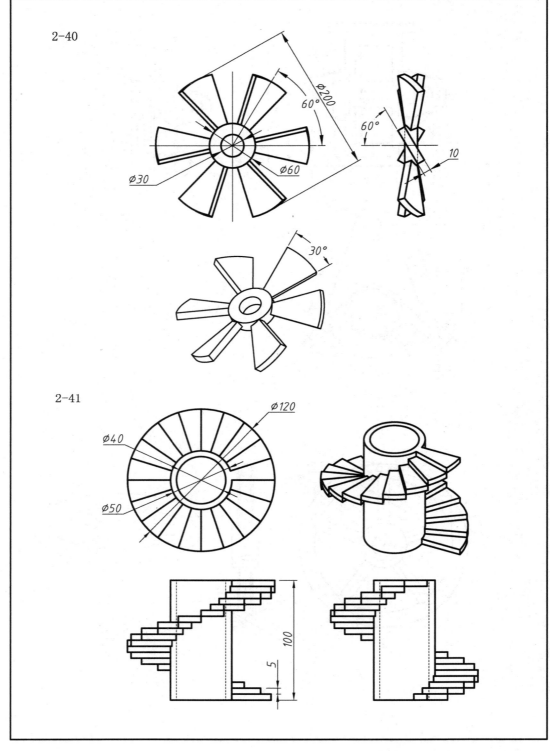

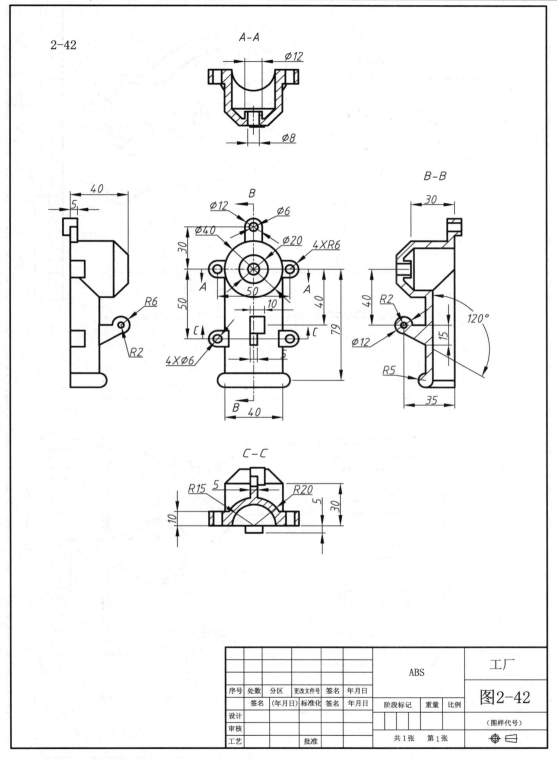

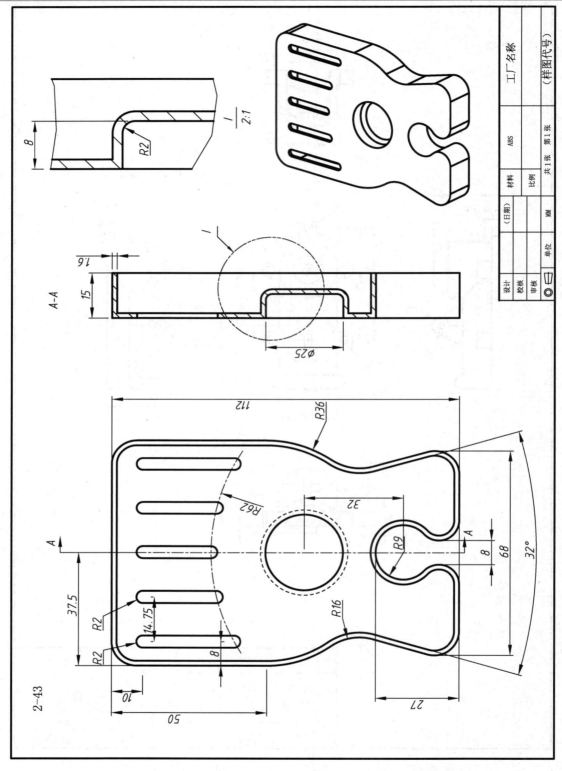

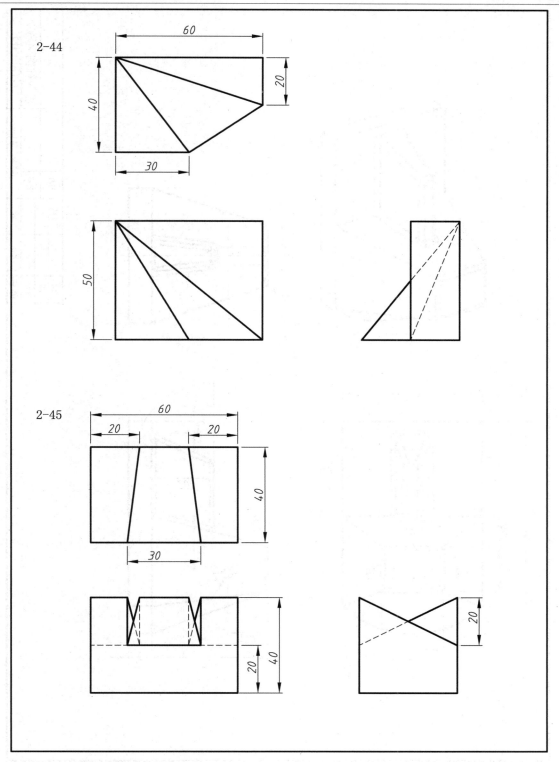

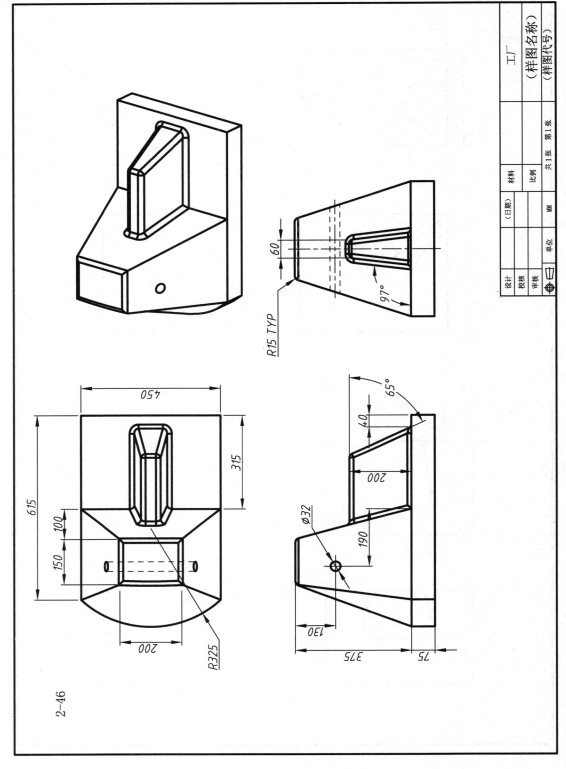

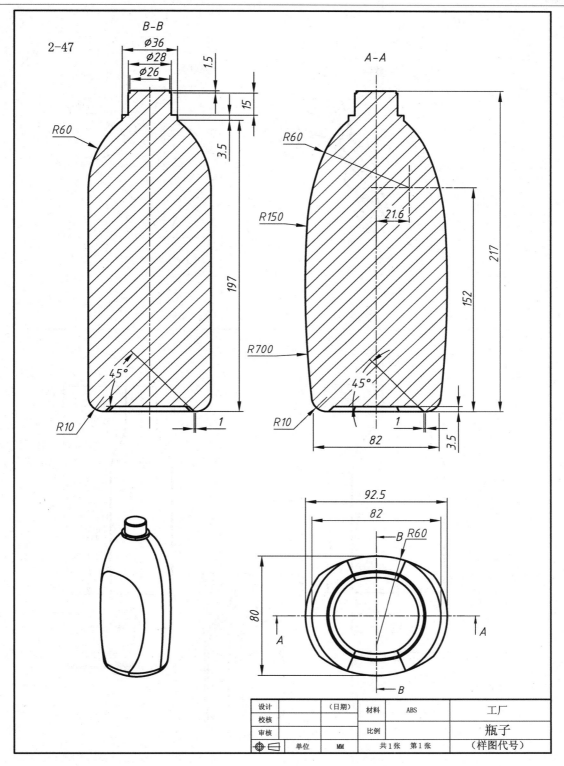

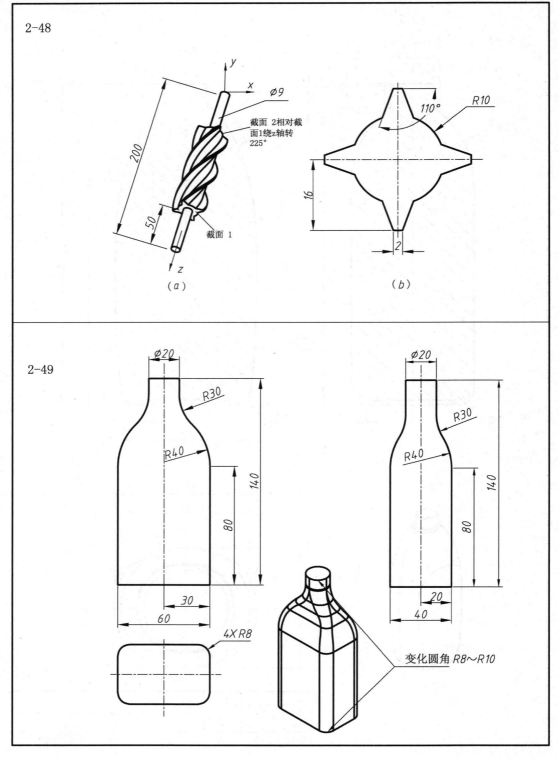

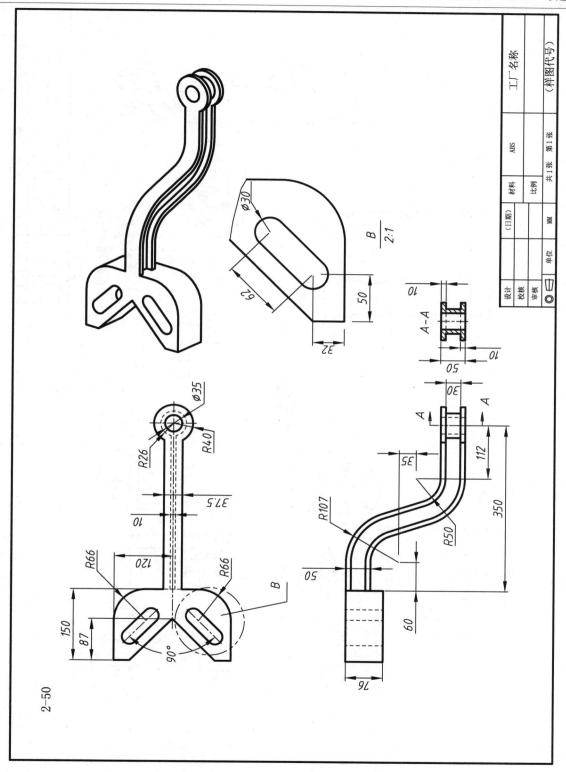

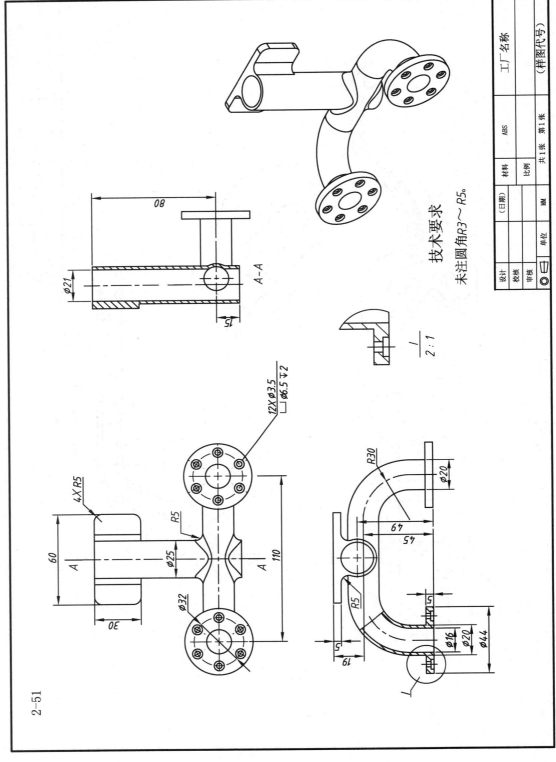

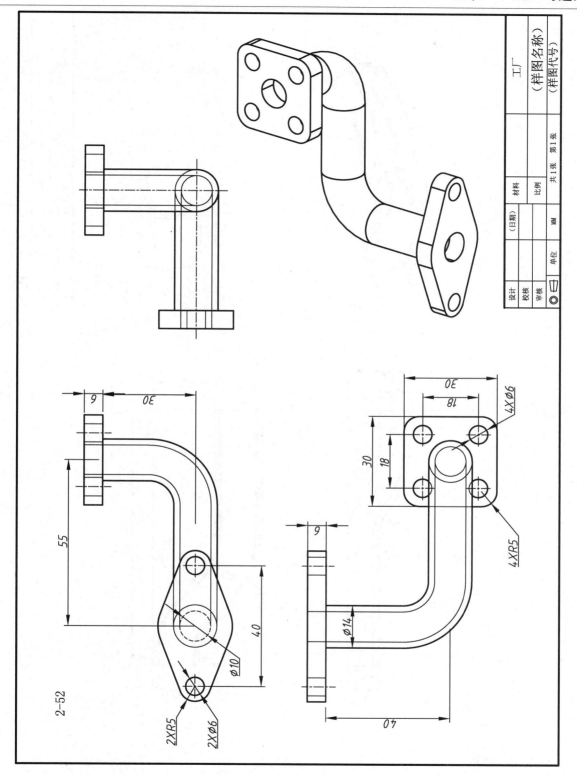

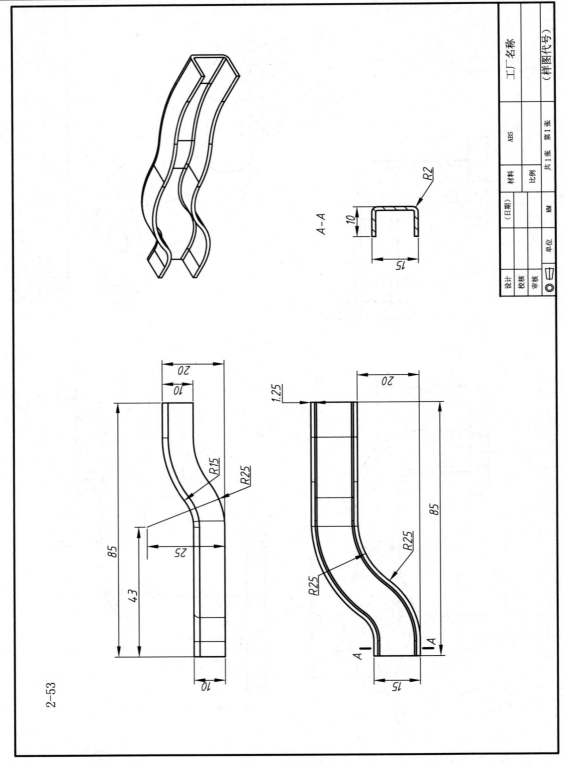

2-53

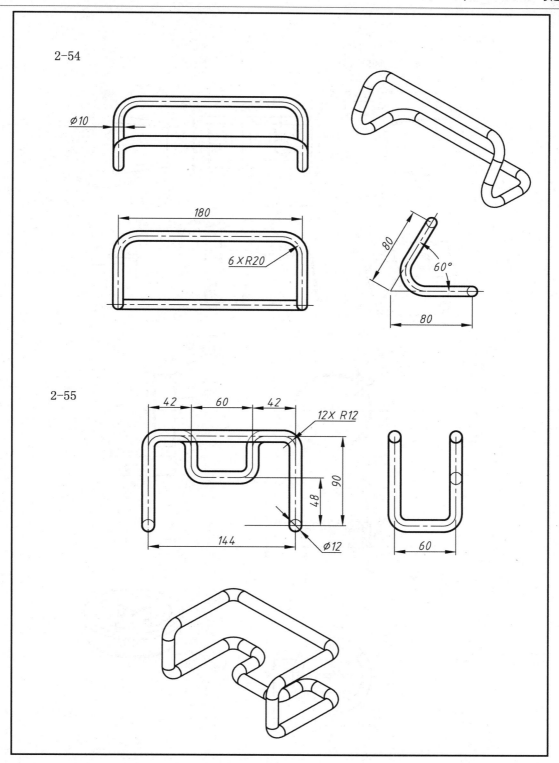

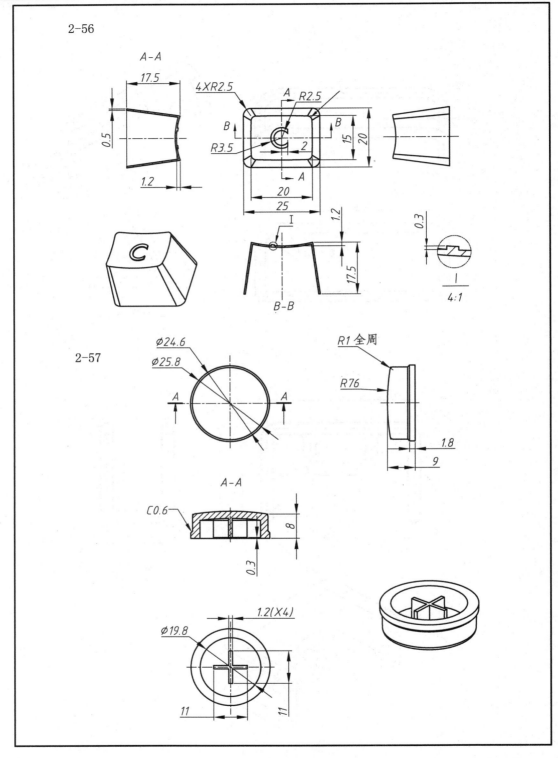

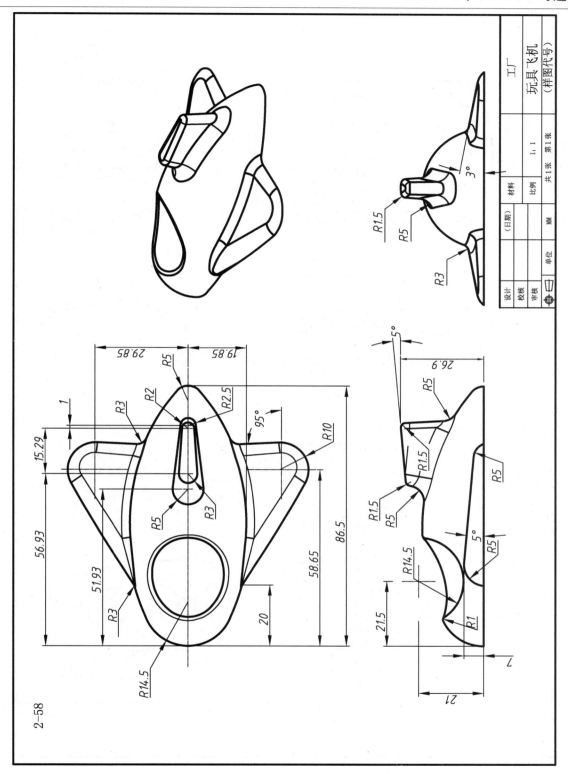

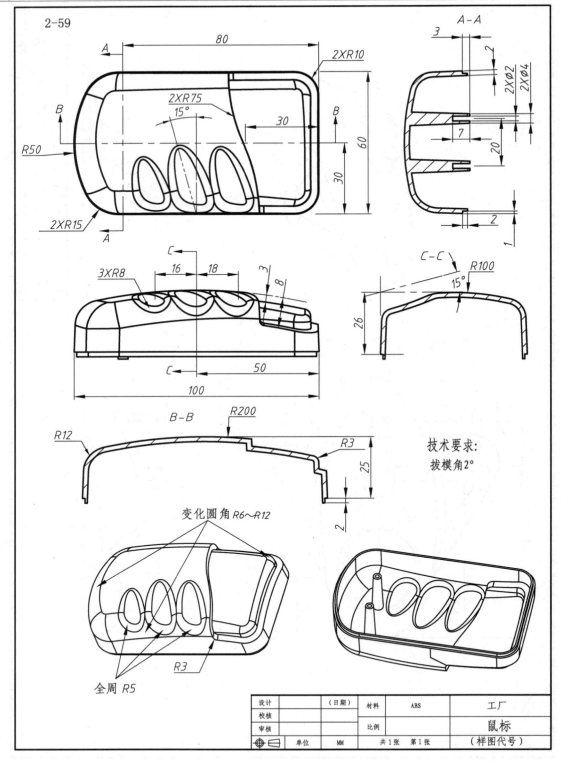

2-60
凸轮从动件运动轨迹如图(b)所示,创建凸轮。创建步骤(以Pro/ENGINEER为例):
(1) 建立凸轮从动件运动轨迹图形特征
选择"插入"→"模型基准"→"图形"命令,输入图形名称tulun。
画坐标系、中心线、基准图形(b)。

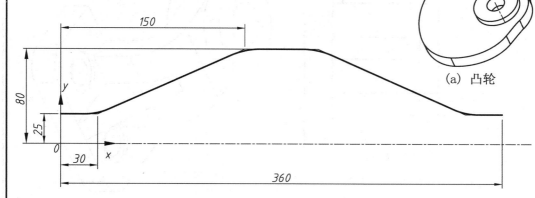

(2) 建立扫描轨迹曲线
以TOP视图为草绘平面,RIGHT视图为右视图平面,绘制∅20的扫描轨迹曲线。
(3) 创建凸轮盘
选"可变截面扫描"命令,选取刚建立的基准曲线,绘制矩形截面(d)。
增加关系式: d#=evalgraph("tulun",trajpar*360)
(4) 增加轮毂　旋转特征: 画矩形截面绕孔轴旋转360°。

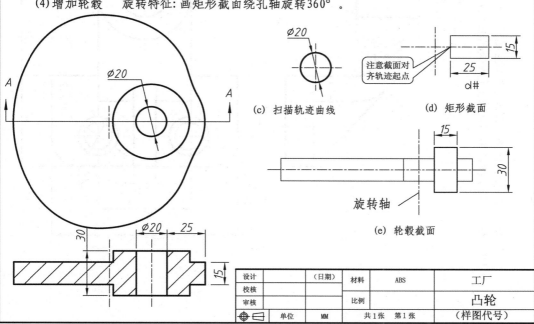

班级_____ 学号_____ 姓名_____

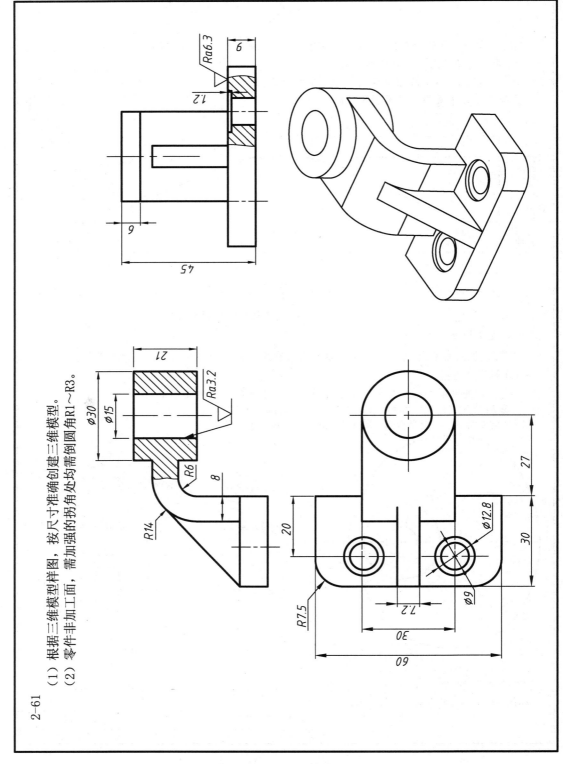

2-61

(1) 根据三维模型样图,按尺寸准确创建三维模型。
(2) 零件非加工面,需加强的拐角处均需倒圆角R1~R3。

班级_____ 学号_____ 姓名_____

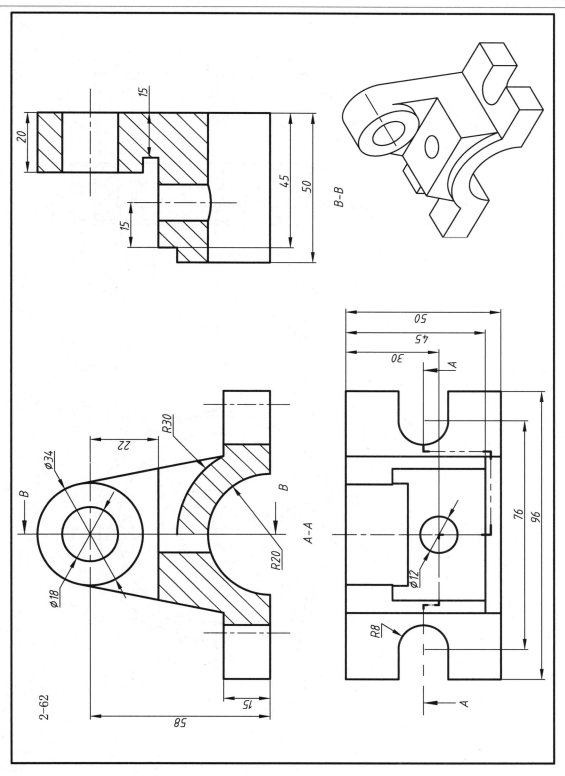

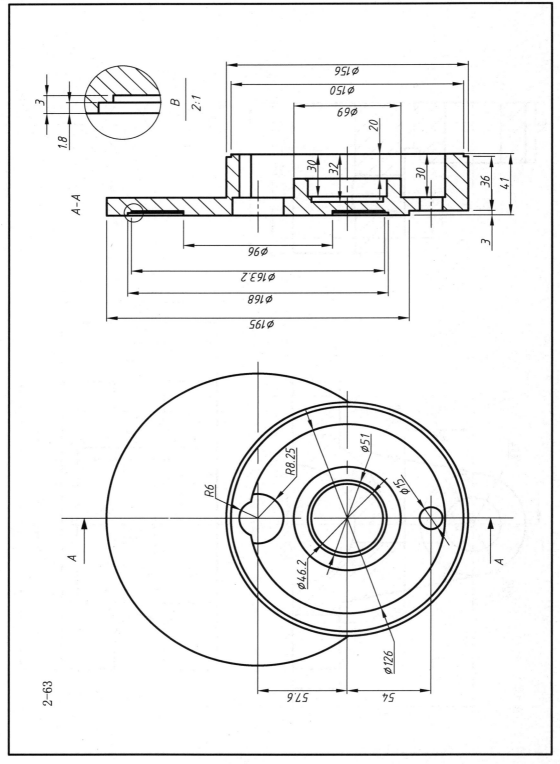

习题 3　绘制三维线架构图

根据样图尺寸创建三维线架构图。

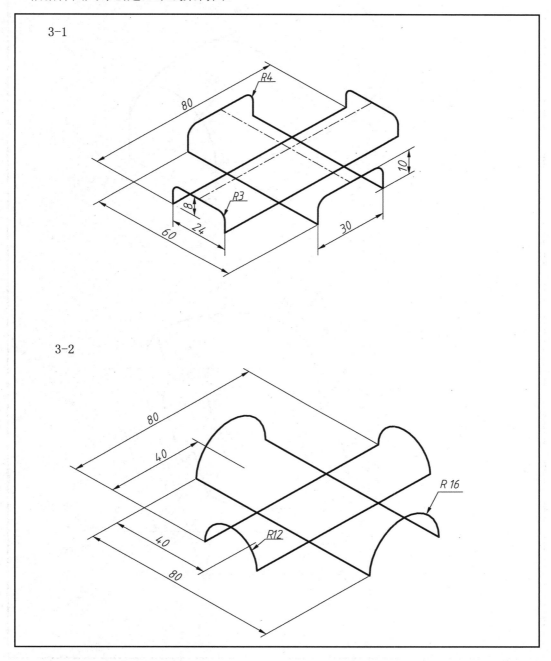

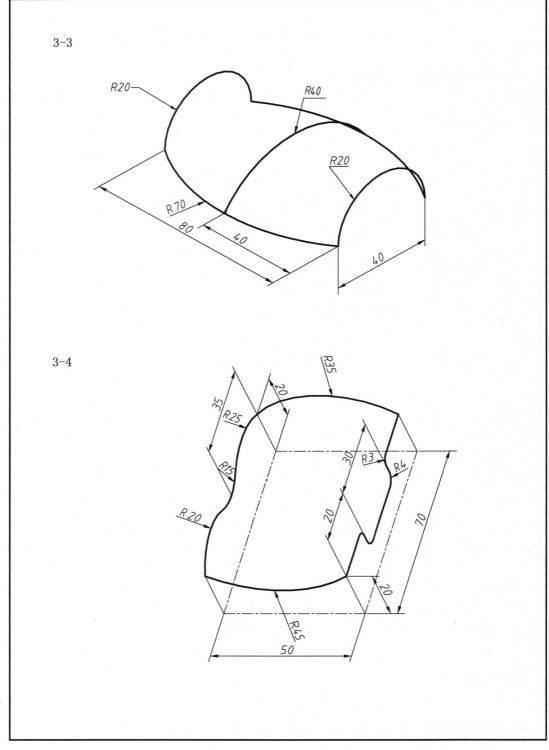

3-5

3-6

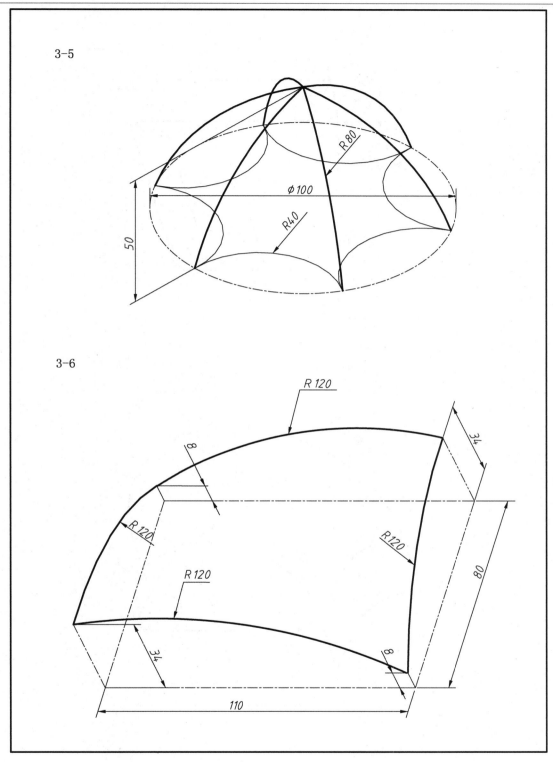

班级_____ 学号_____ 姓名_____

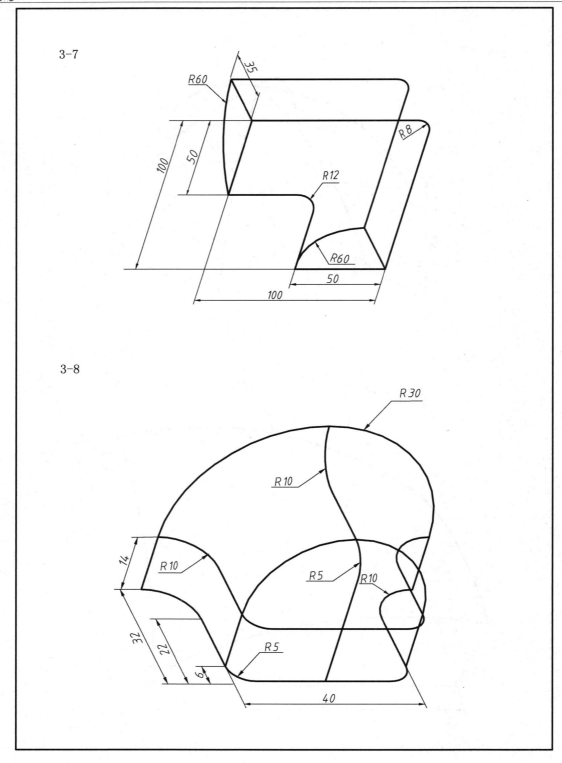

3-9

3-10

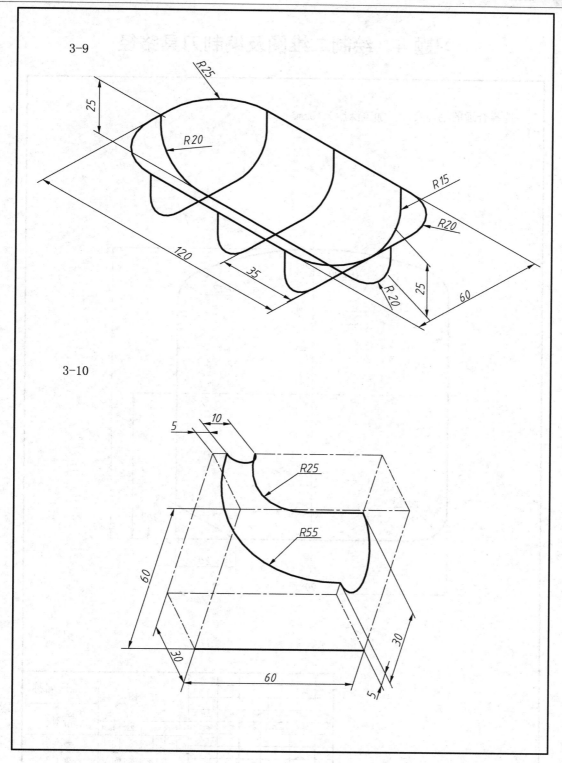

习题 4　绘制二维图及编制刀具路径

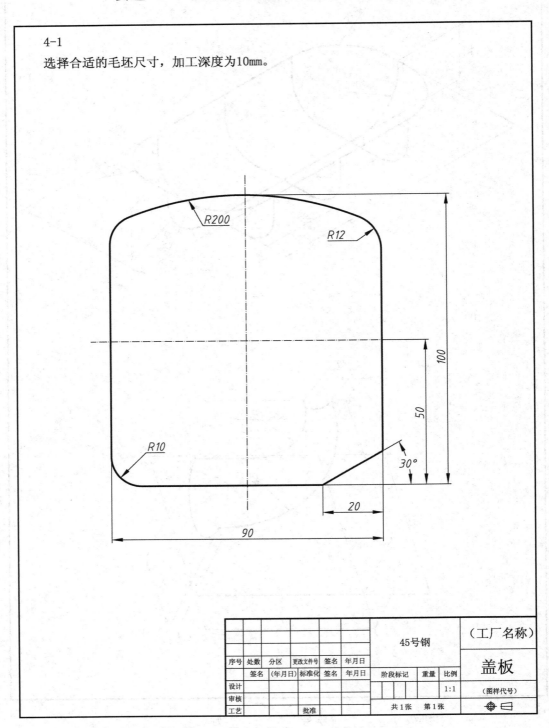

4-1
选择合适的毛坯尺寸，加工深度为10mm。

班级_____　学号_____　姓名_____

4-2

选择合适的毛坯尺寸和刀具，外形加工深度为10mm，键槽、弧形槽加工深度为5mm，U形槽与内孔加工深度为4mm。

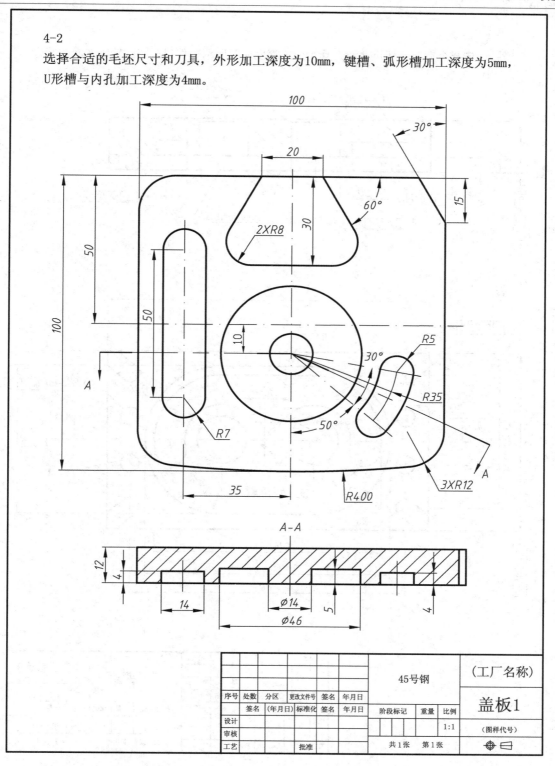

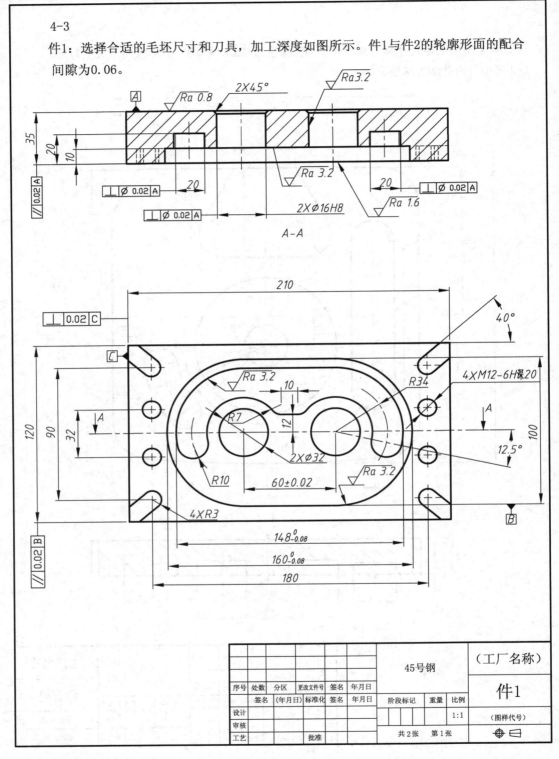

4-4

件2：选择合适的毛坯尺寸和刀具，加工深度如图所示。件1与件2的轮廓形面的配合间隙为0.06。

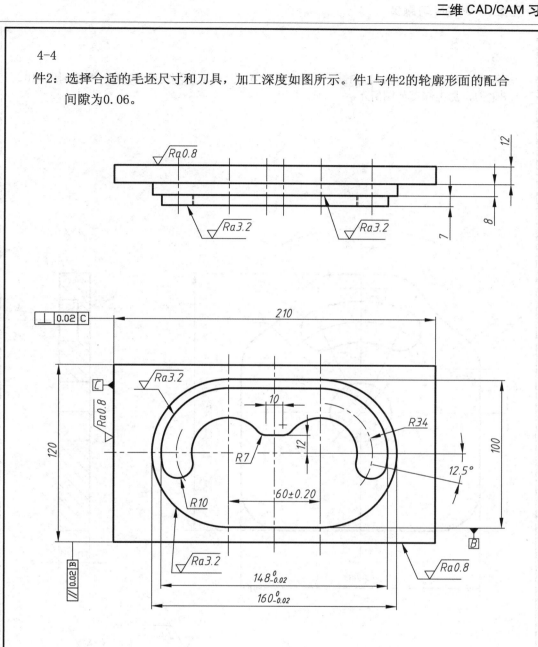

4-5

毛坯尺寸φ110×15，材料为45钢，定位孔尺寸φ20，外形铣削用φ12平刀，槽铣削用φ10、φ8平刀，加工深度如图所示。

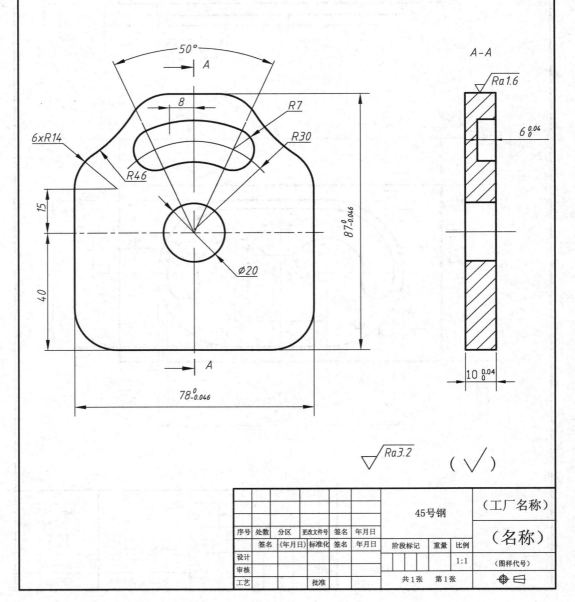

4-6

毛坯尺寸ϕ110×15，材料为45钢，定位孔尺寸ϕ20，外形铣削用ϕ12平刀，槽铣削用ϕ10平刀。

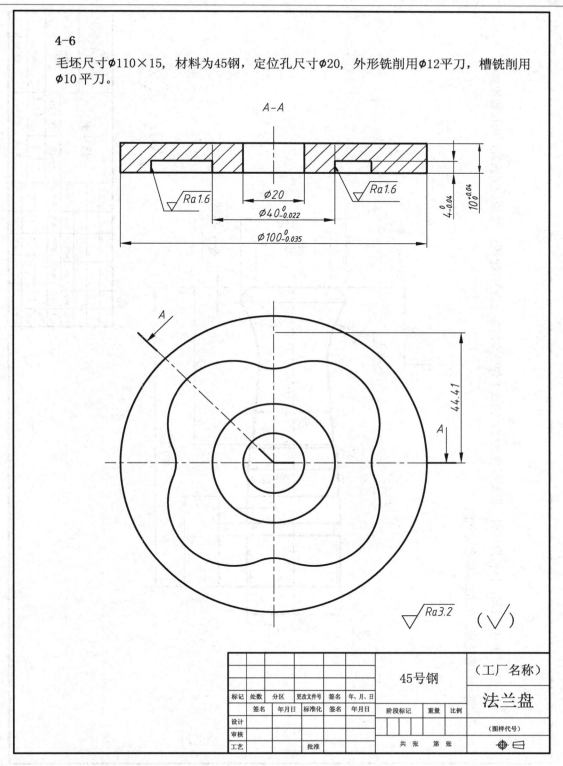

4-7 毛坯尺寸 φ40×150，材料为45钢，根据零件尺寸，完成零件的车削加工造型（建模），生成加工轨迹，根据数控系统进行后置处理，生成CAM编程NC代码。

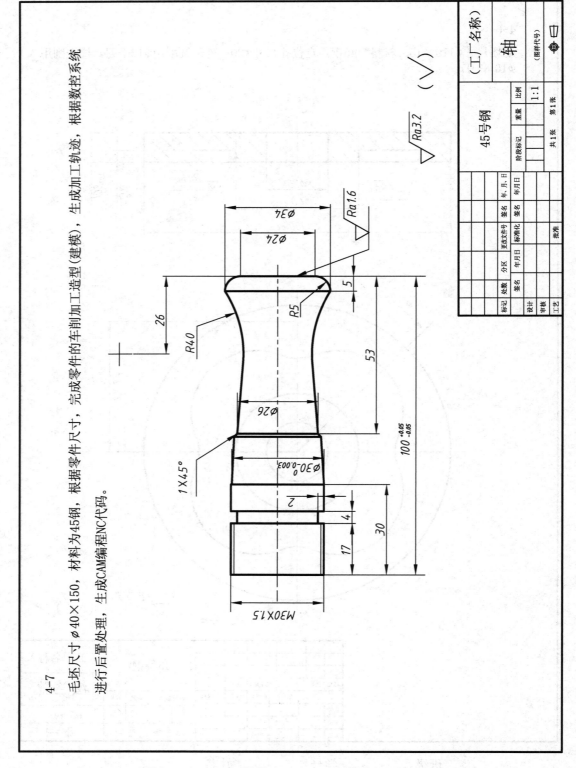

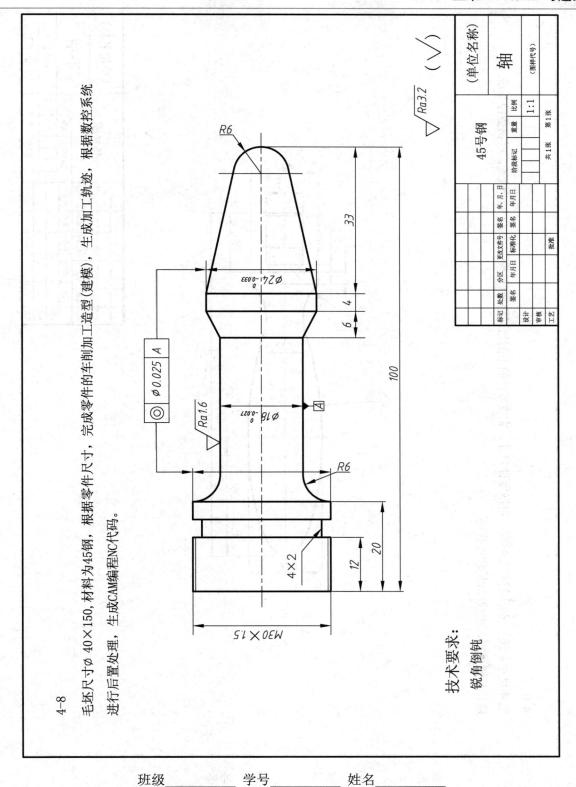

4-9 毛坯尺寸 $\phi 26 \times 160$，材料为45钢，根据零件尺寸，完成零件的车削加工造型（建模），根据数控系统生成加工轨迹，进行后置处理，生成CAM编程NC代码。

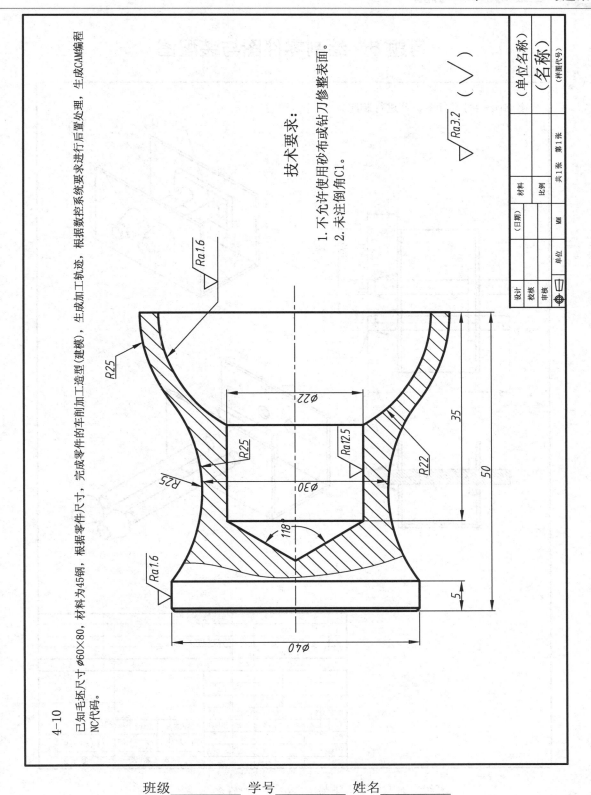

4-10

已知毛坯尺寸 ϕ60×80，材料为45钢，根据零件尺寸，完成零件的车削加工造型（建模），生成加工轨迹，根据数控系统要求进行后置处理，生成CAM编程NC代码。

技术要求：
1. 不允许使用砂布或钻刀修整表面。
2. 未注倒角C1。

习题 5　绘制零件图与装配图

5-1
绘制1~4号零件图，并进行装配。

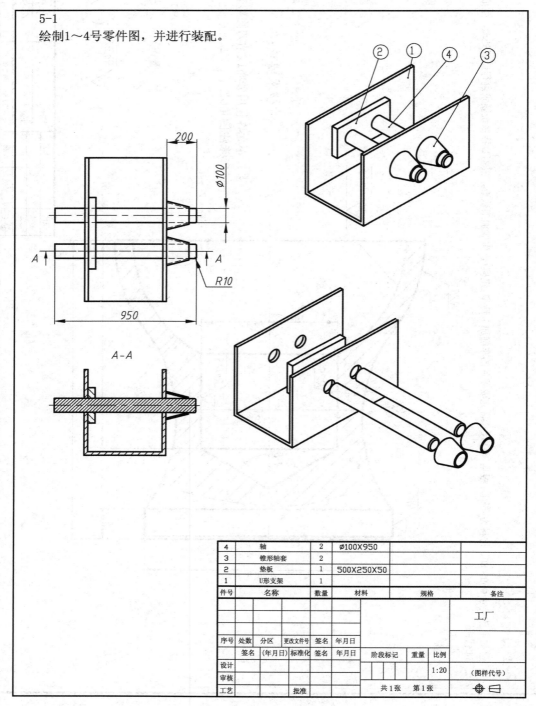

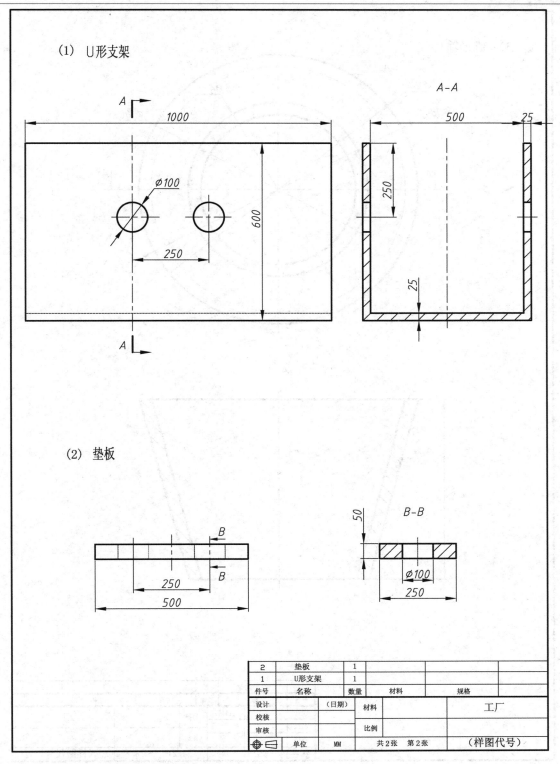

(3) 锥形轴套

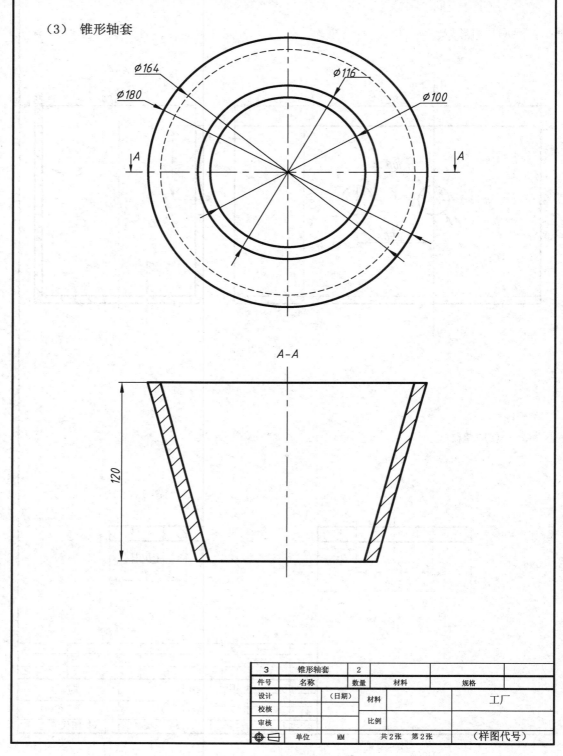

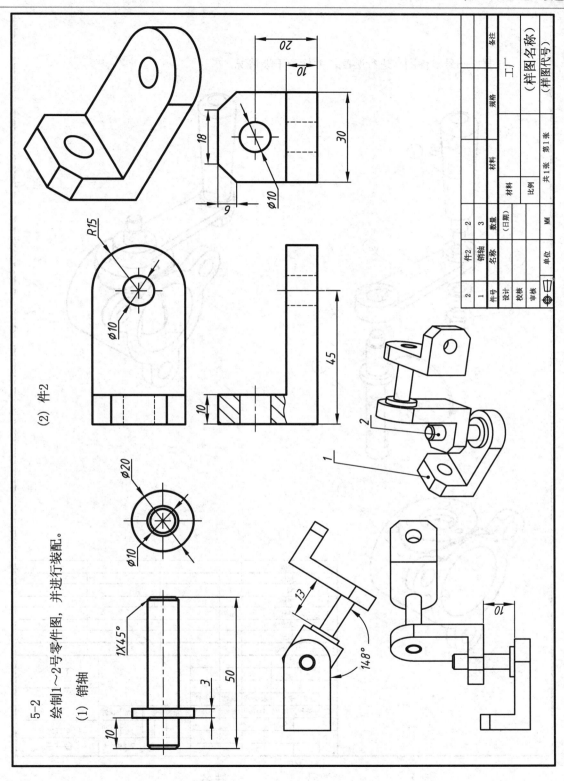

5-3

绘制1~6号零件图，进行装配，并检查干涉情况。

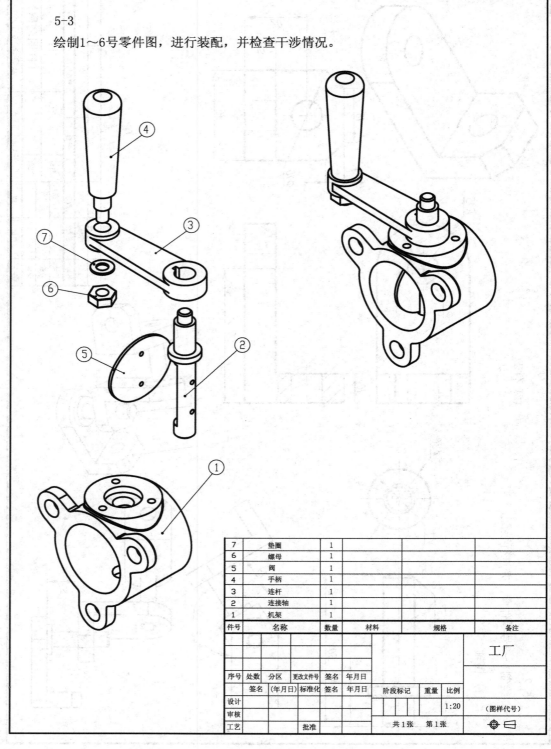

7	垫圈	1			
6	螺母	1			
5	阀	1			
4	手柄	1			
3	连杆	1			
2	连接轴	1			
1	机架	1			
件号	名称	数量	材料	规格	备注

班级_____ 学号_____ 姓名_____

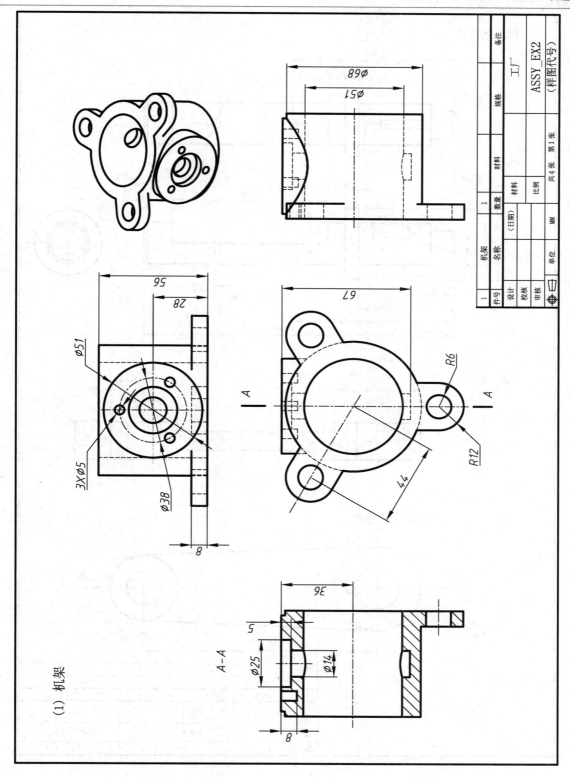

(1) 机架

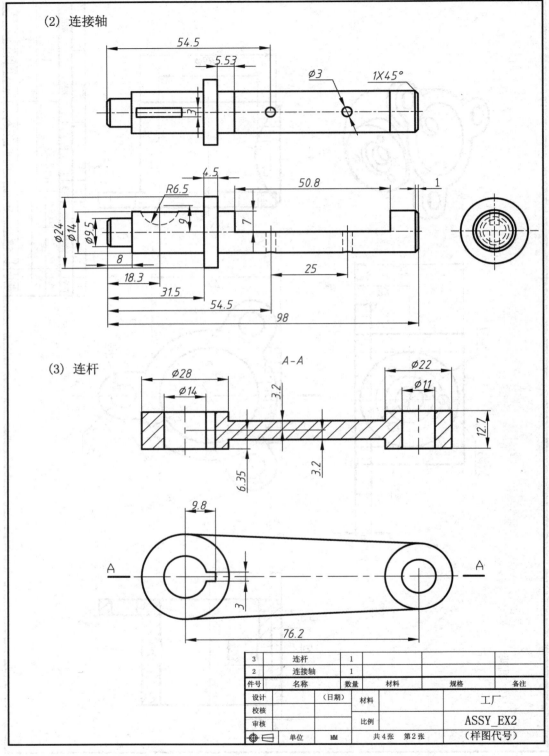

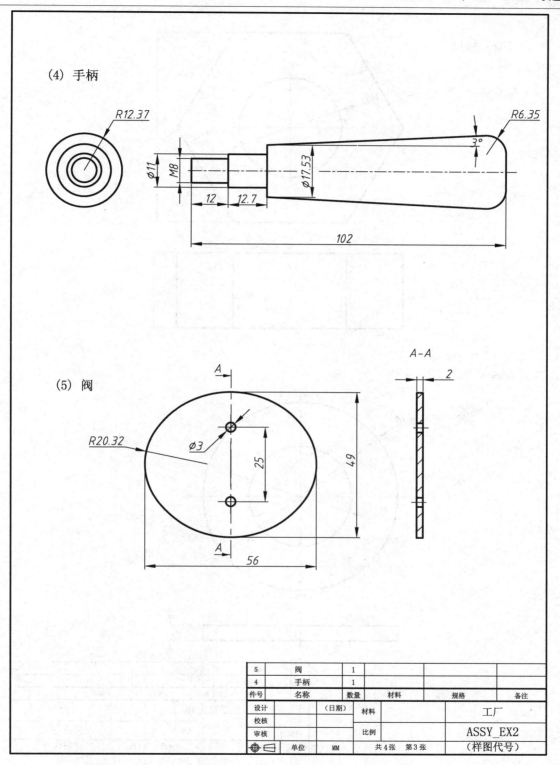

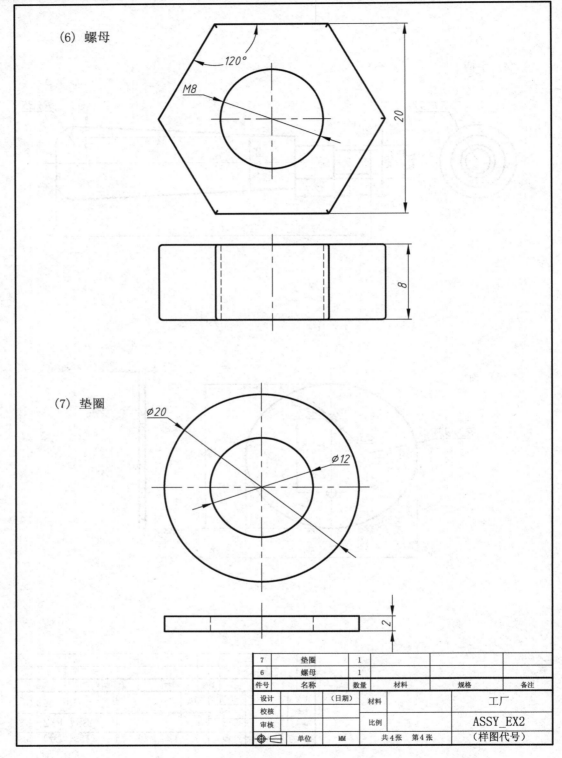

5-4
鼓风机由子装配1和子装配2组合而成，共有7个零件，绘制零件图，并按图示位置关系进行装配。

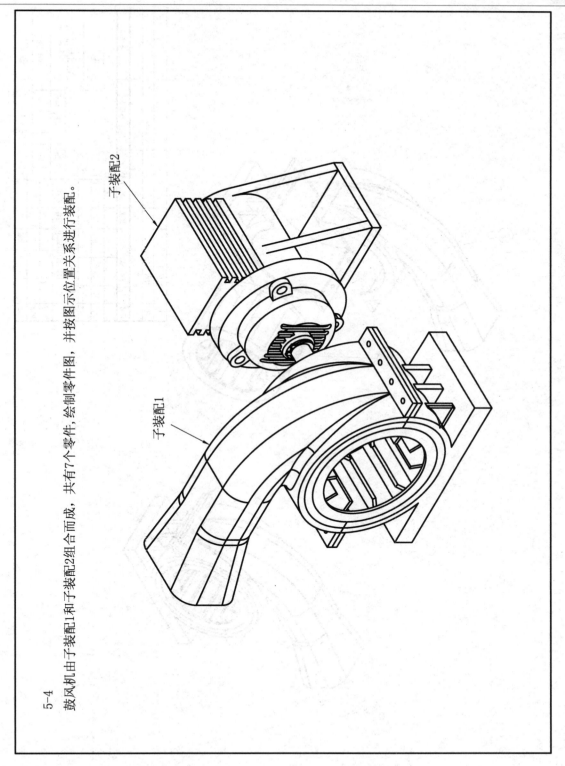

子装配2

子装配1

班级_____ 学号_____ 姓名_____

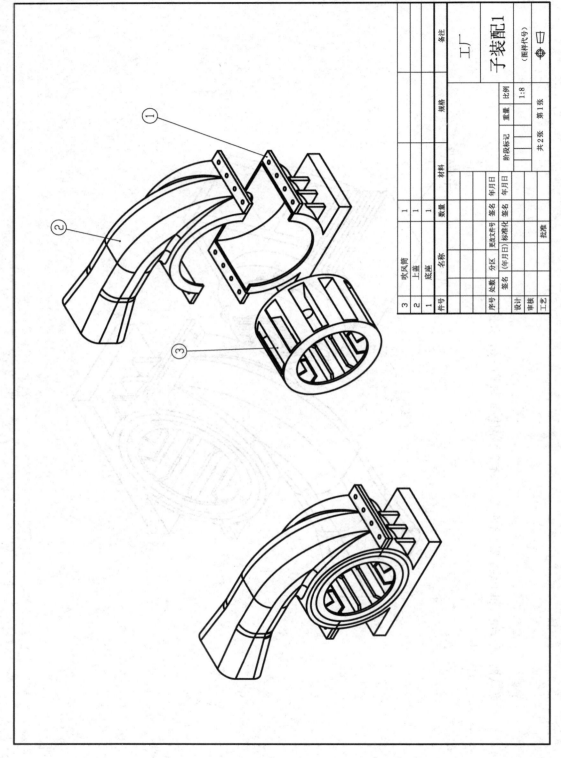

3		吹风筒	1			
2		上盖	1			
1		底座	1			
件号	处数	名称	数量	材料	规格	备注
序号	处数	分区	更改文件号	签名	年月日	
设计		签名	(年月日)	标准化	签名	年月日
审核						工厂
工艺				批准		子装配1

比例 1:8　重量　阶段标记
共2张　第1张
（图样代号）

班级_____ 学号_____ 姓名_____

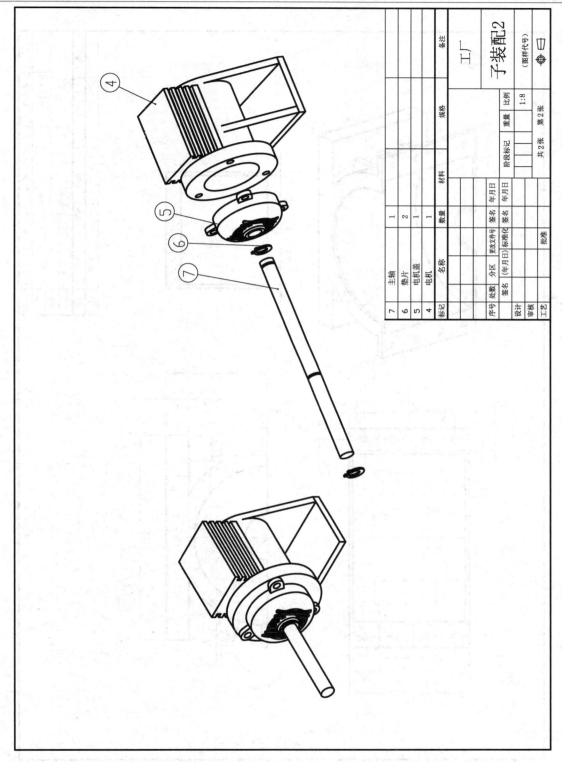

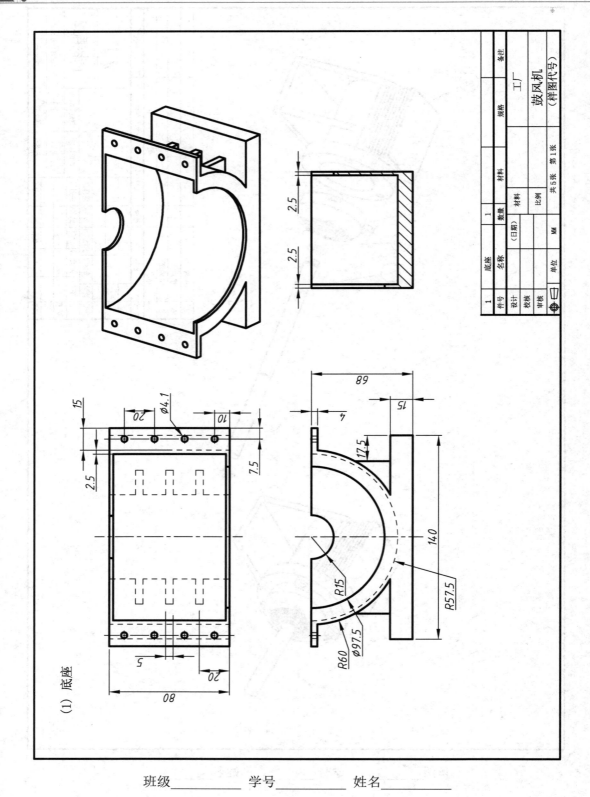

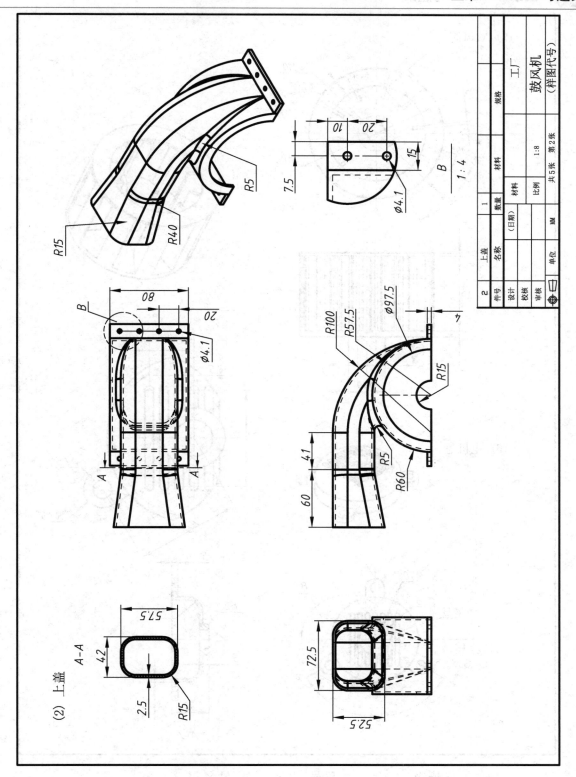

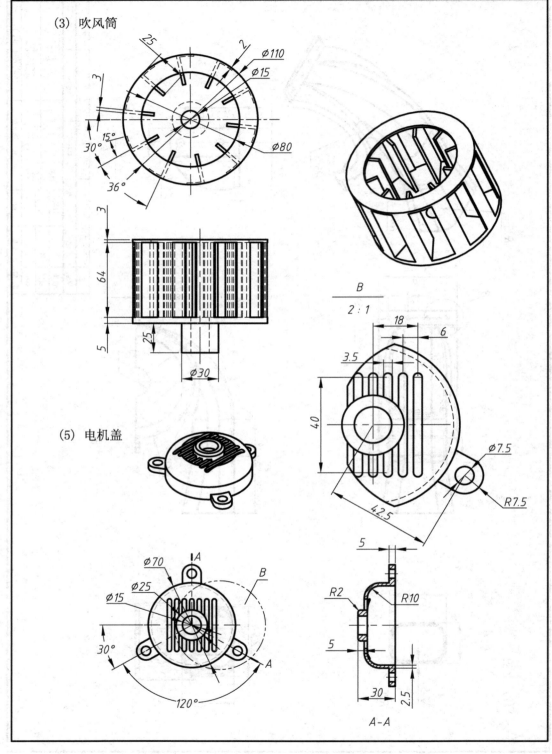

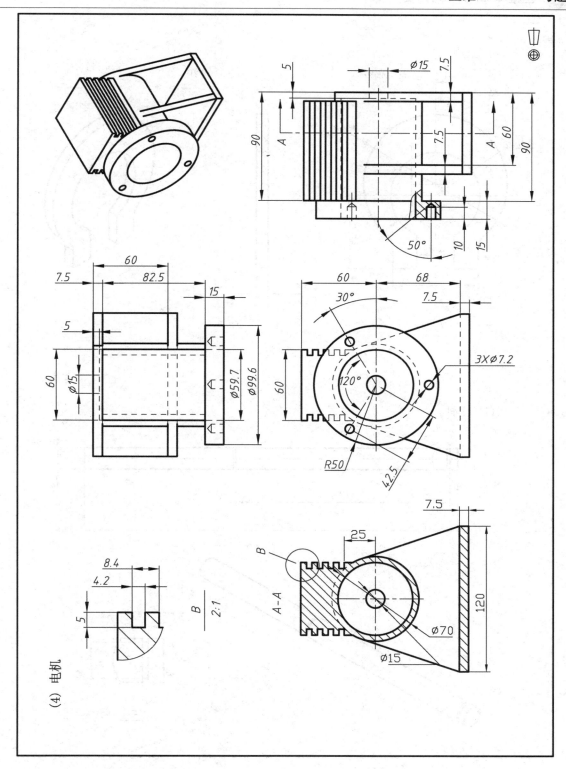

(4) 电机

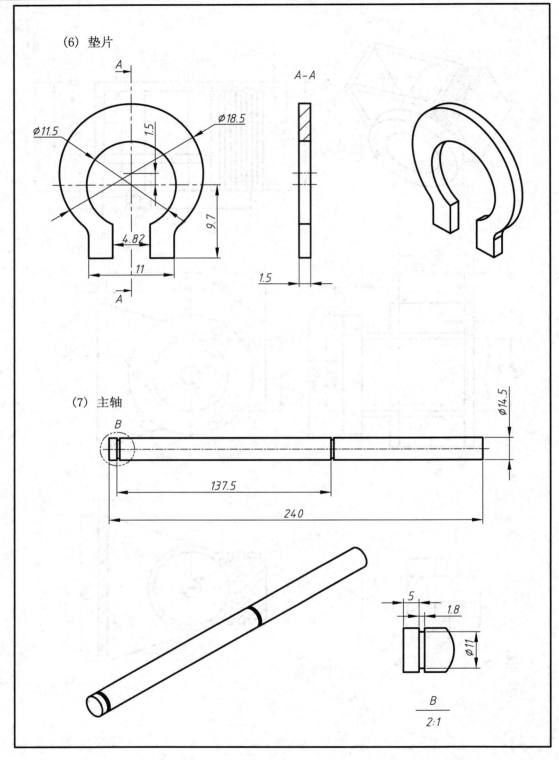

(6) 垫片

(7) 主轴

班级_____ 学号_____ 姓名_____

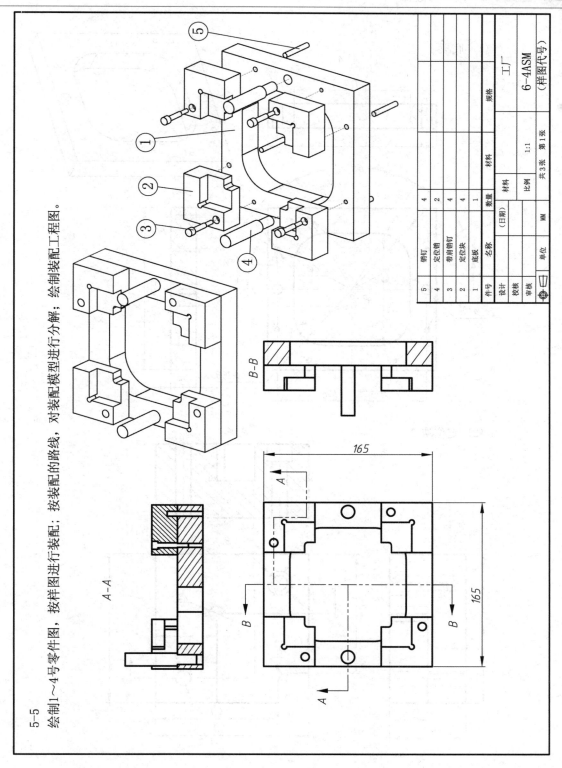

5-5 绘制1~4号零件图，按样图进行装配；按装配的路线，对装配模型进行分解；绘制装配工程图。

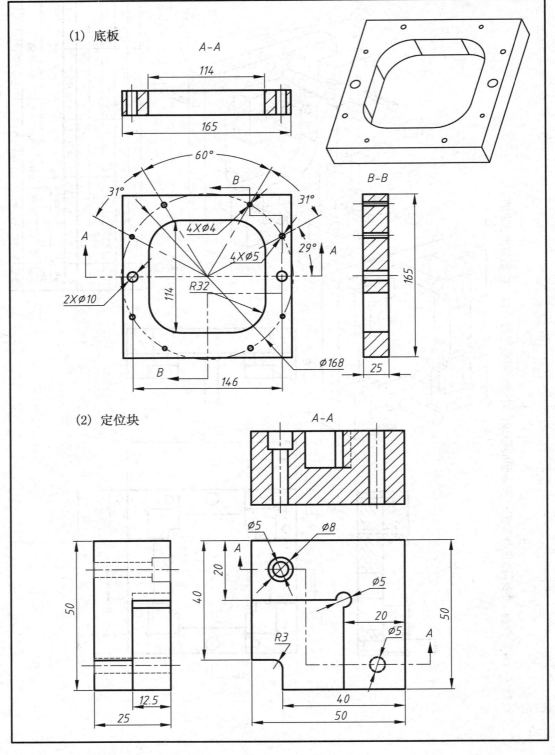

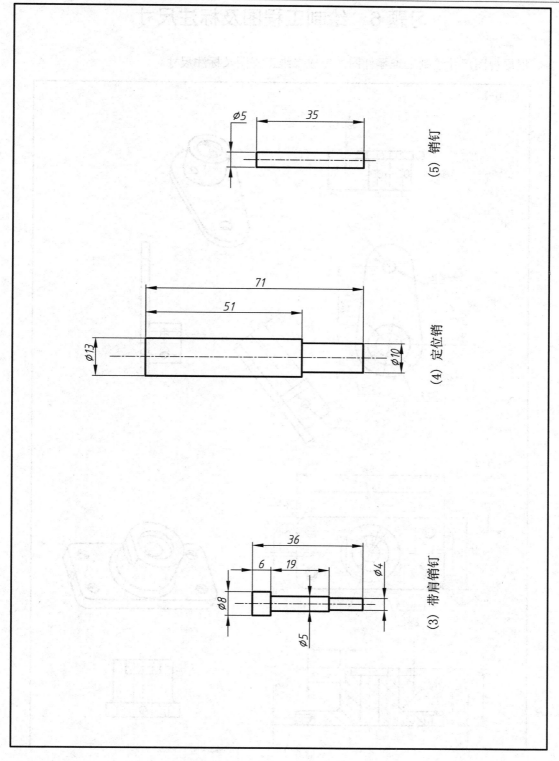

习题 6　绘制工程图及标注尺寸

根据视图尺寸绘制三维零件图，完成二维工程图及标注尺寸。

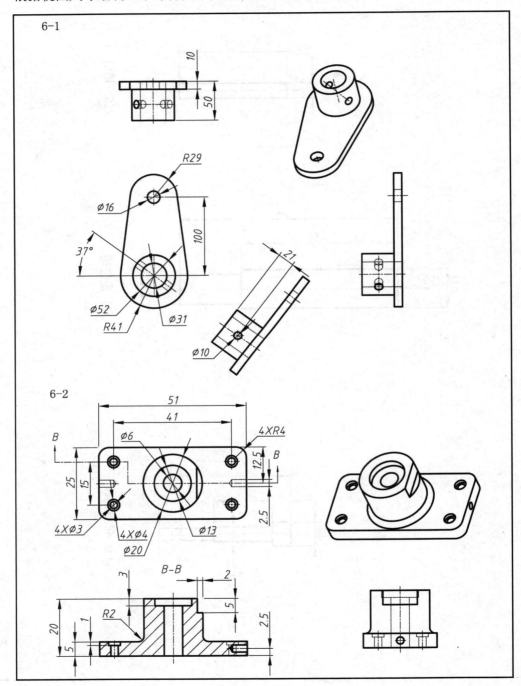

6-3

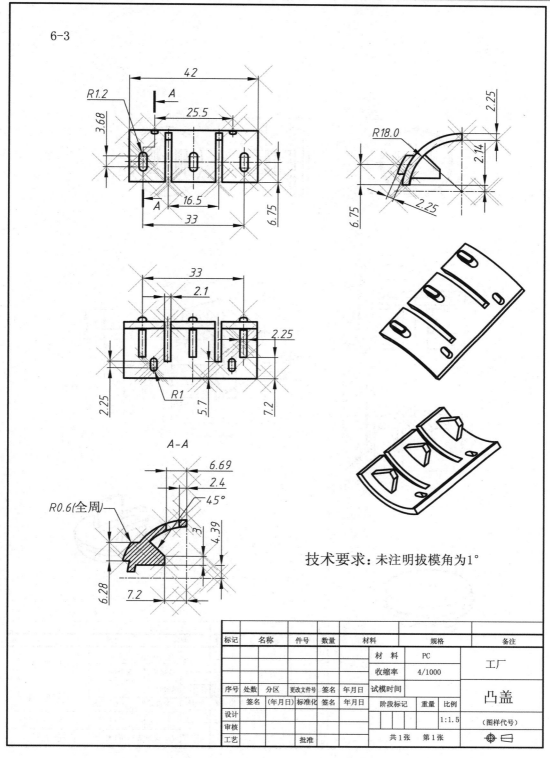

6-4

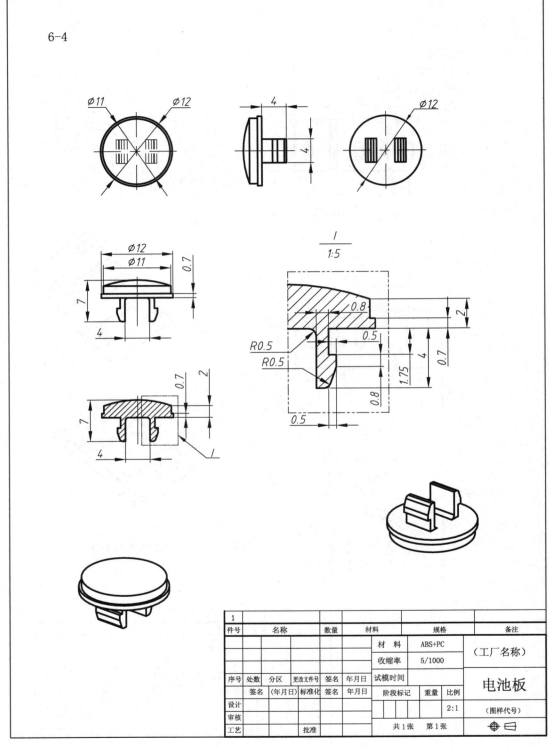

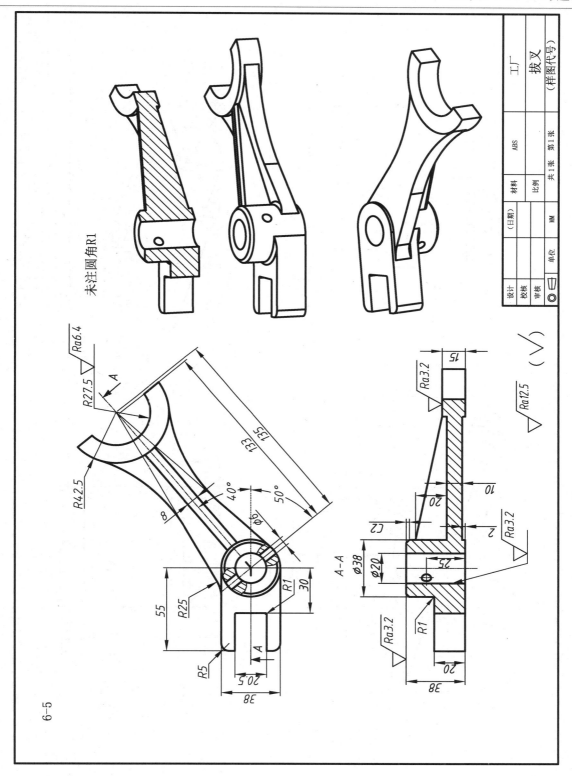

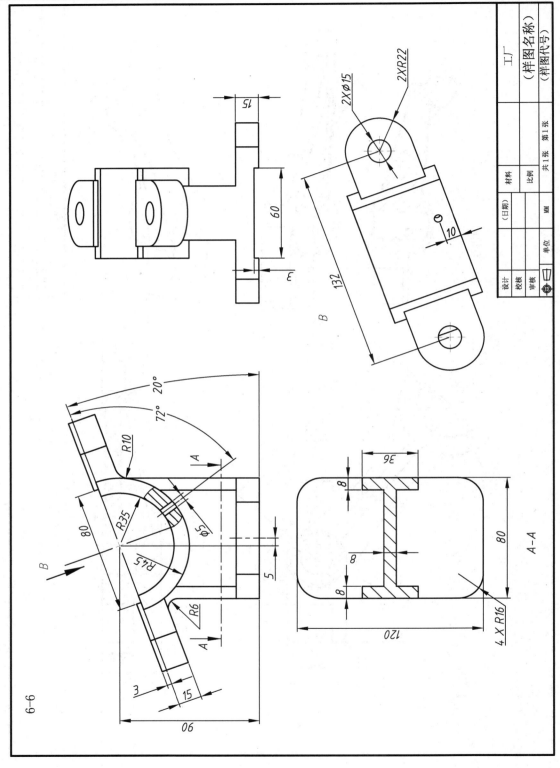

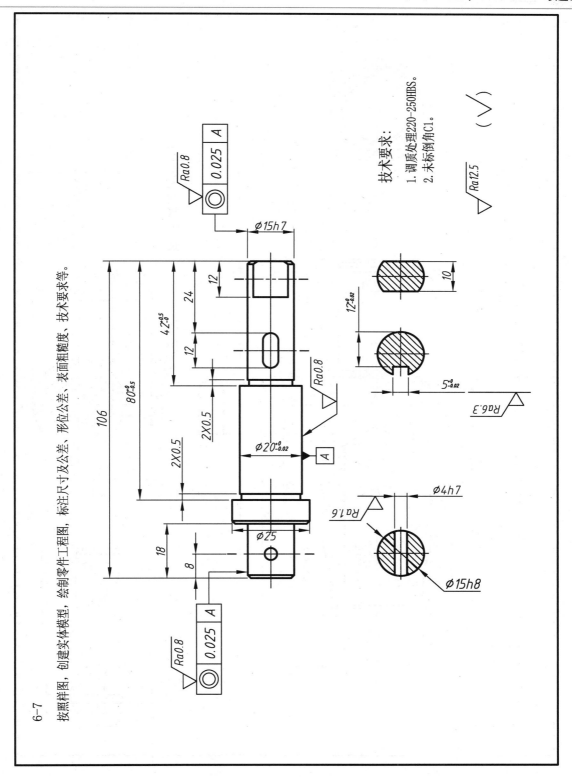

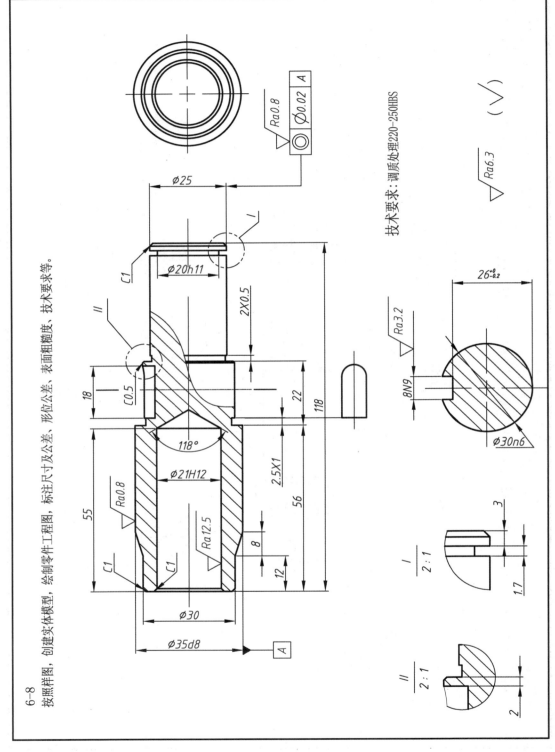

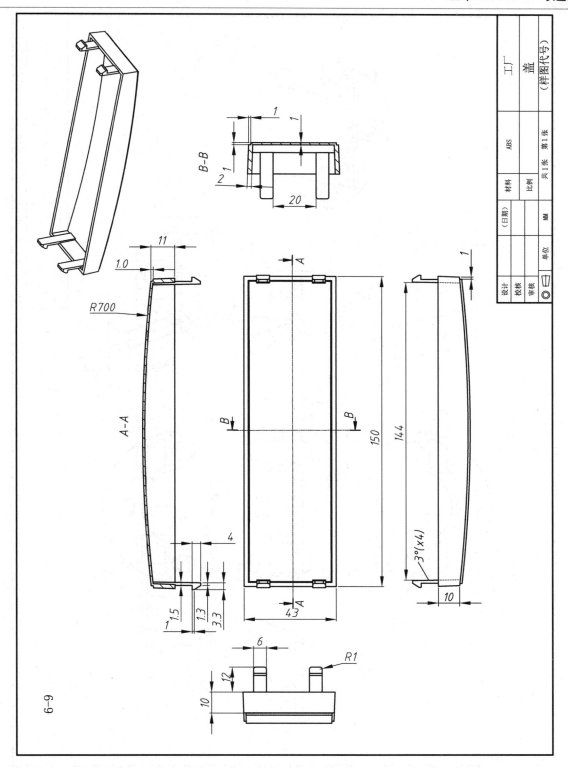

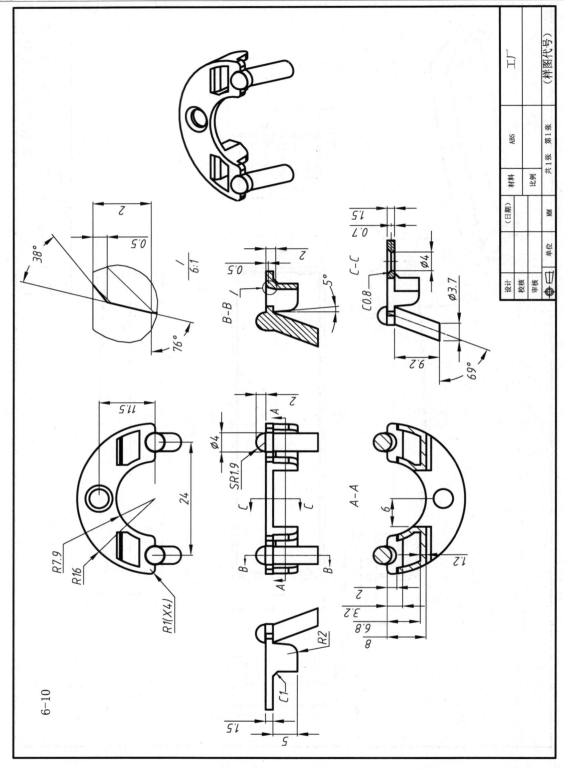

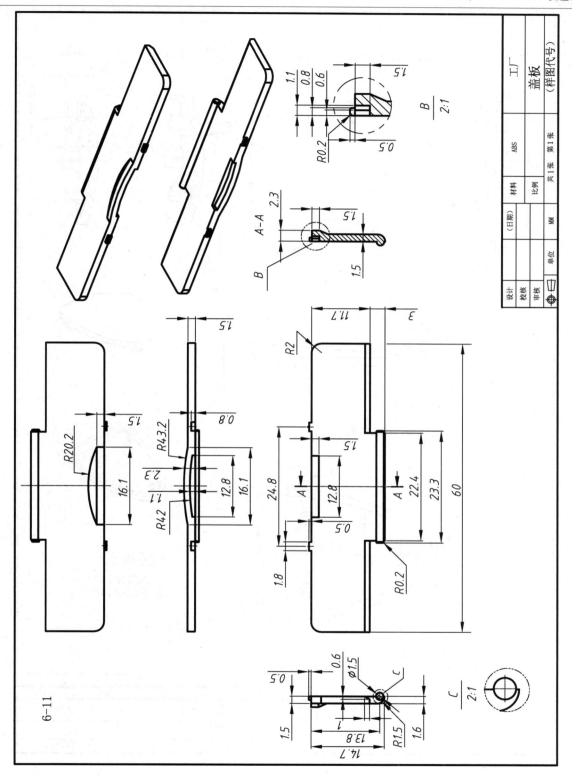

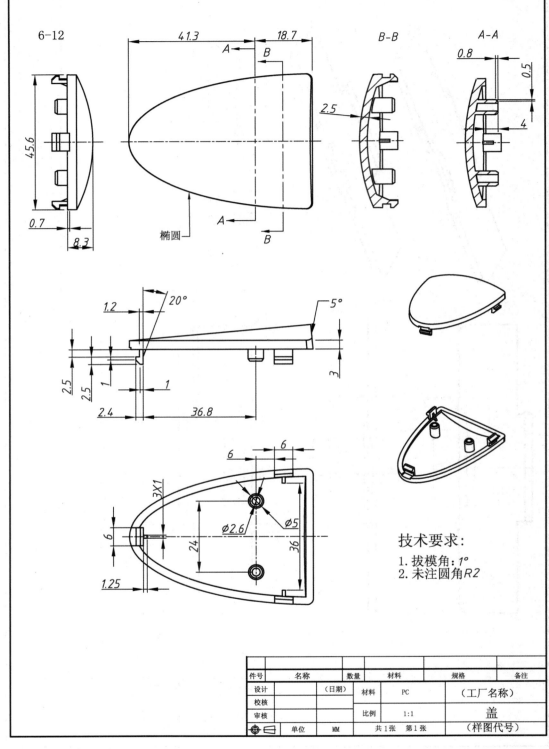

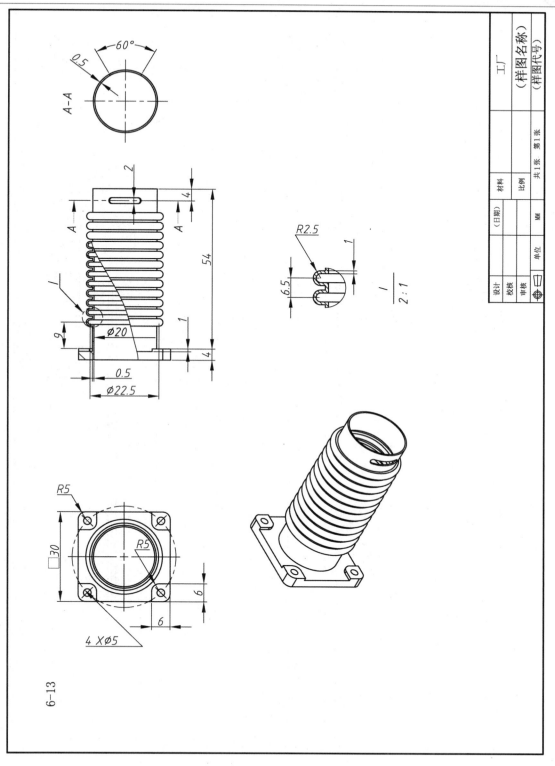

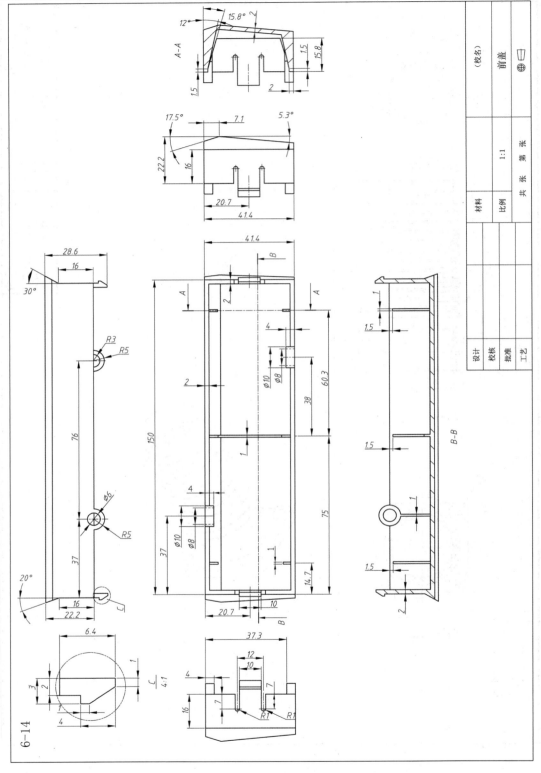

6-14

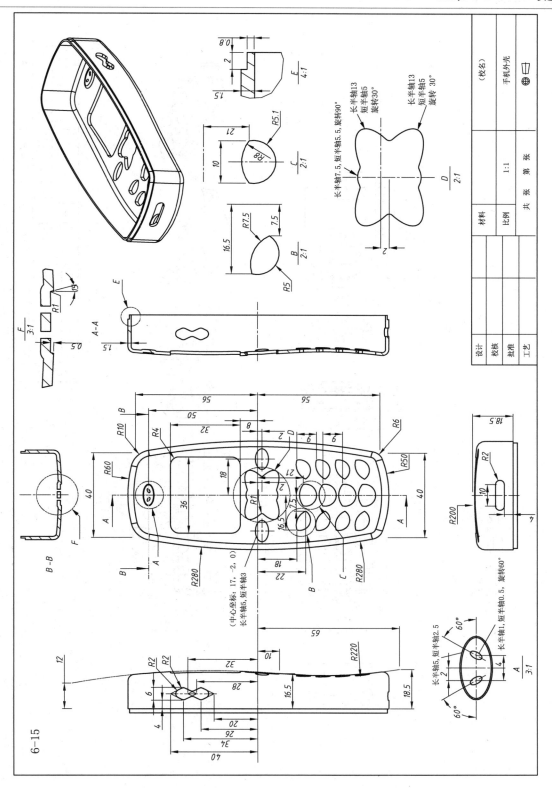

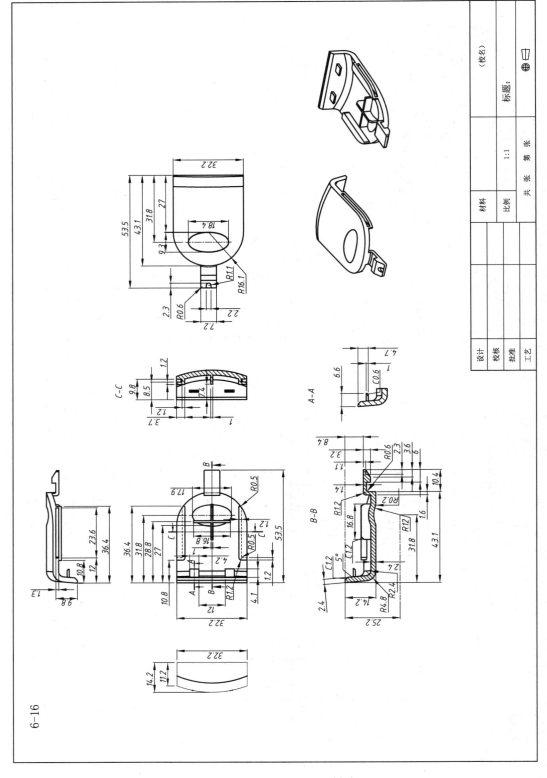

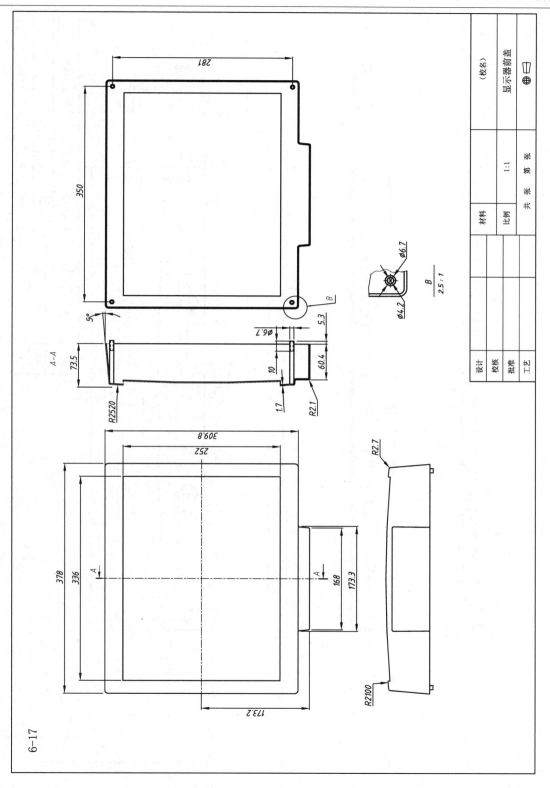

6-17

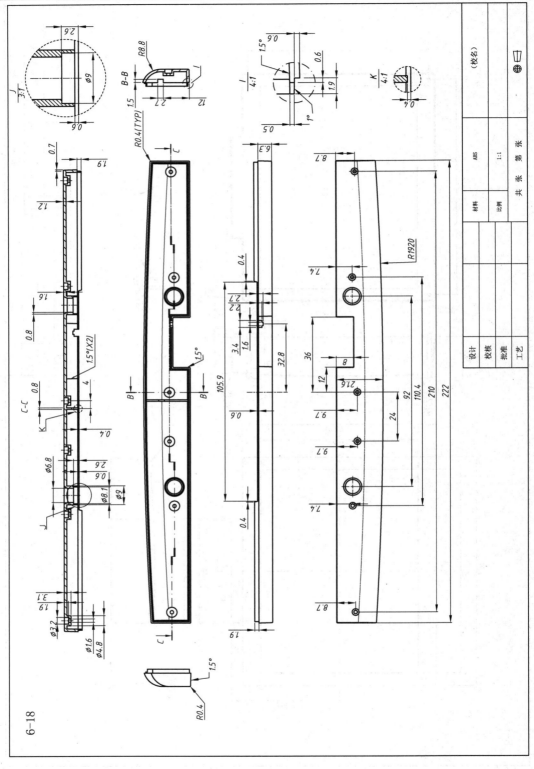

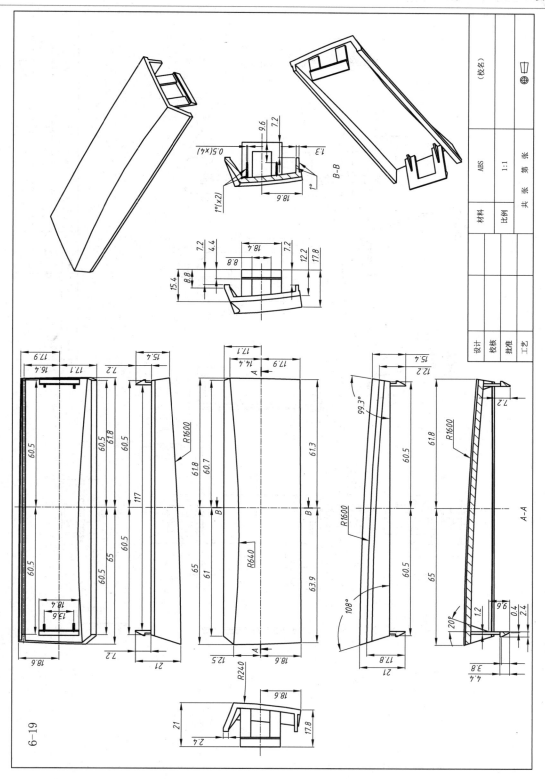

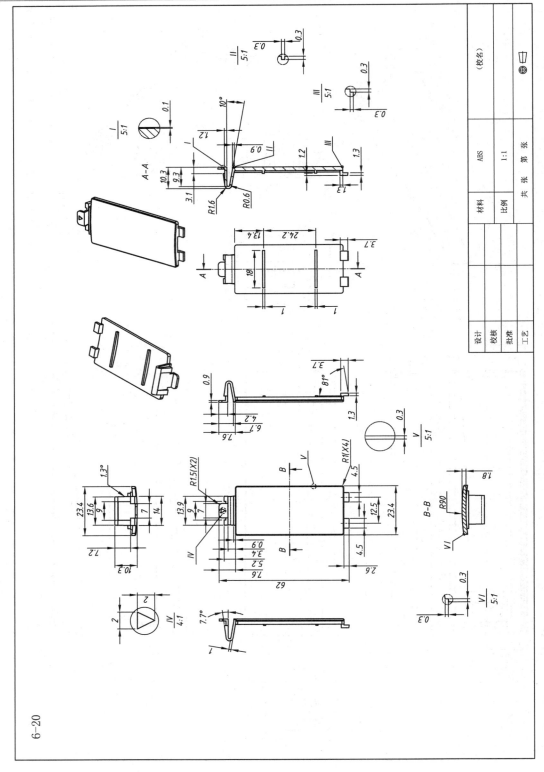

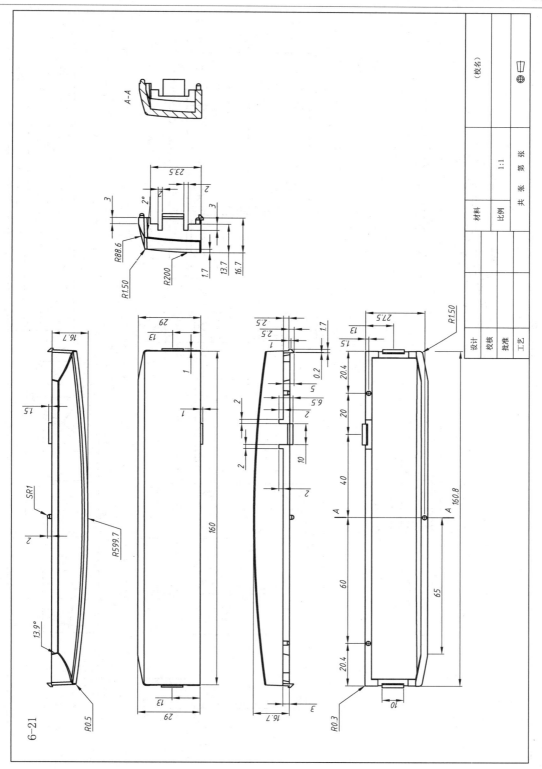

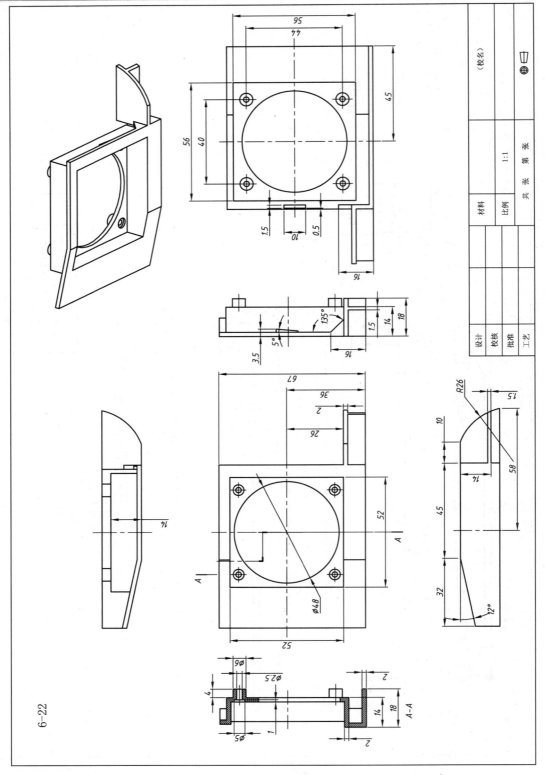

6-22

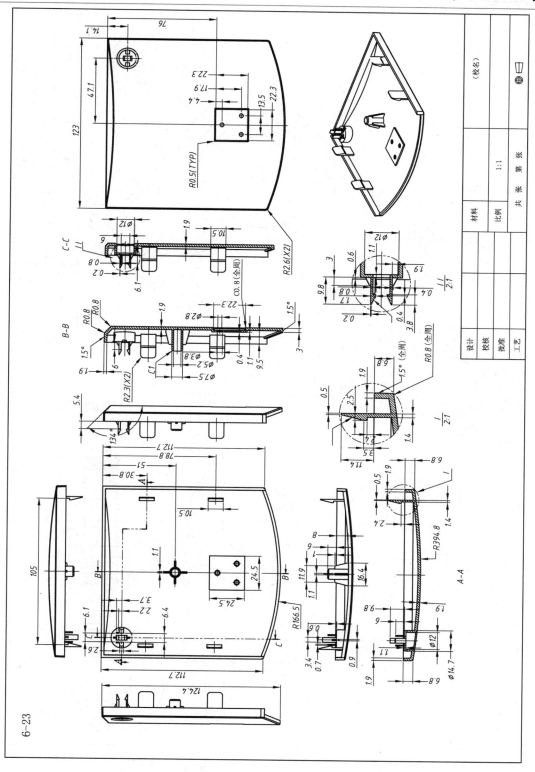

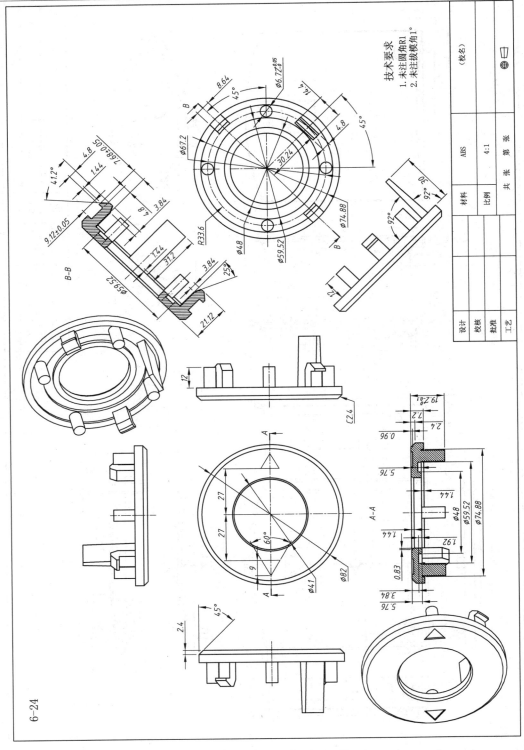

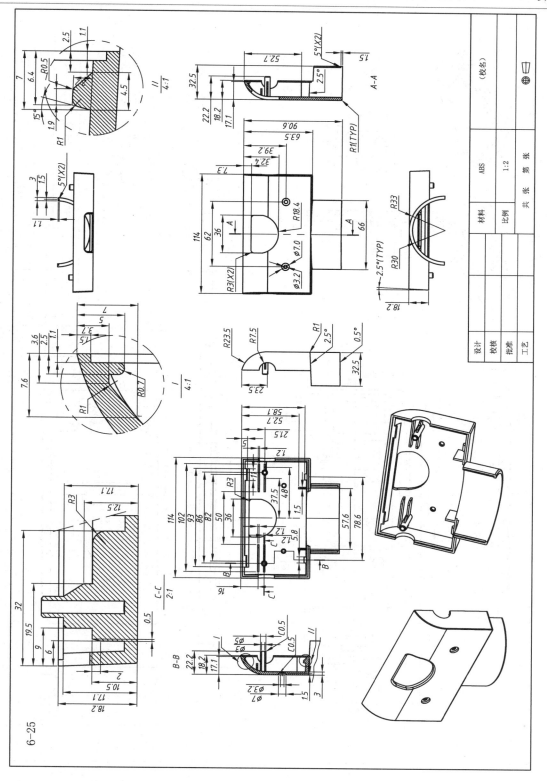

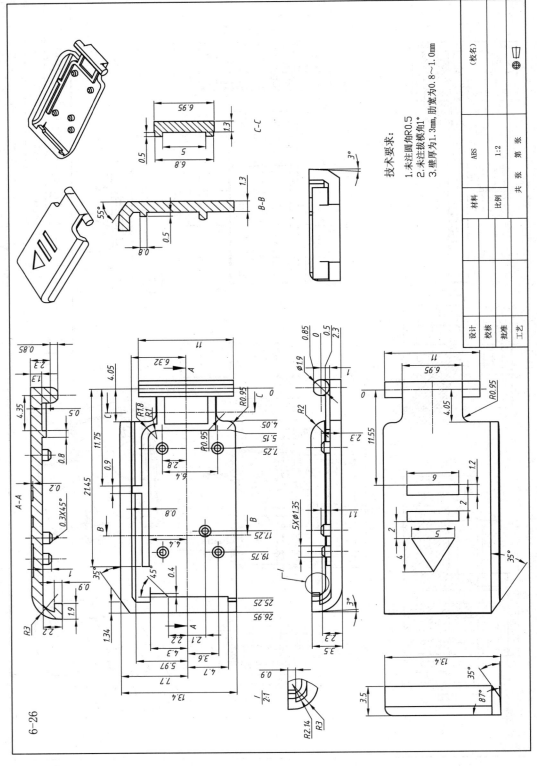

习题 7 模 具 设 计

模具设计流程如下。

(1) 建立三维零件模型。

建立(或读入)已设计完成的三维零件模型,将事先设计好的胚料装配进来,或直接建立胚料实体。

(2) 设置塑件成品的收缩率。

(3) 设计浇道系统,一般浇道系统包括注道、流道、流道滞料部与浇口等。

(4) 设计分模面。

(5) 完成该塑件的注射模具型腔、型芯零件设计(一模二穴)。

(6) 装配模座,进行细部的模座设计。

分模练习

(1) 建立新目录，读入已绘制好的三维模型，如下图所示。建立胚料实体，设置收缩率(5/1000)，建立分模面，设计浇道系统。一模二穴，设计型腔、型芯。

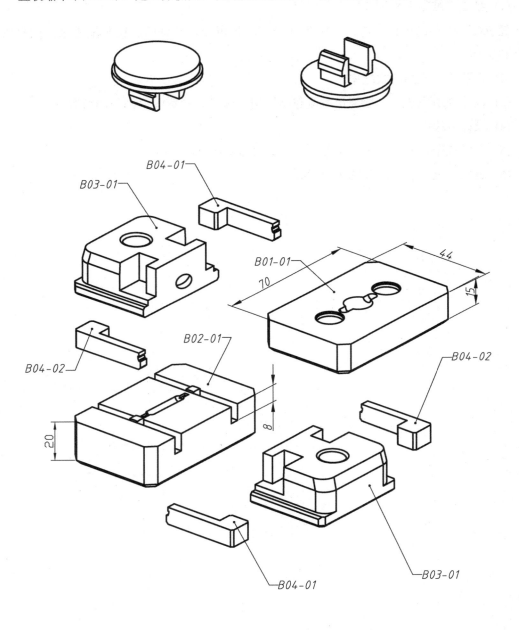

(2) 建立新目录，读入已建好的按键（见图 2-57）三维模型。根据模型尺寸建立胚料实体，设置收缩率(4/1000)，建立分模面，设计浇道系统。设计型芯、型腔。

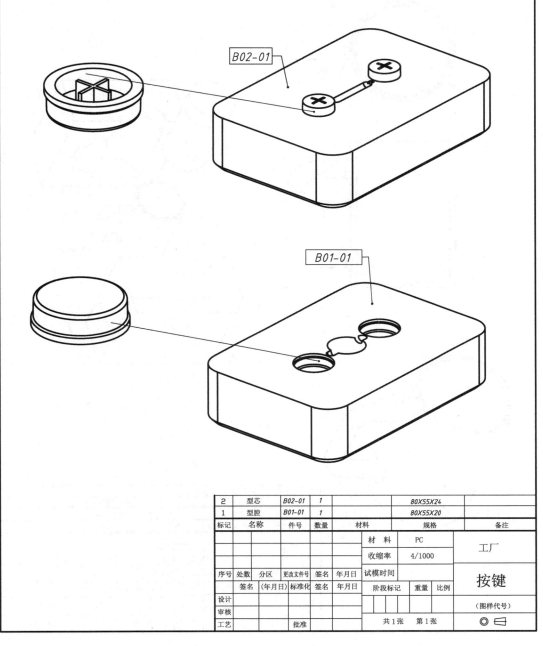

2	型芯	B02-01	1		80X55X24	
1	型腔	B01-01	1		80X55X20	
标记	名称	件号	数量	材料	规格	备注
				材料	PC	工厂
				收缩率	4/1000	
序号	处数	分区	更改文件号	签名	年月日	试模时间		按键
	签名	(年月日)	标准化	签名	年月日	阶段标记	重量	比例	
设计									(图样代号)
审核									
工艺			批准			共1张 第1张		

班级_____ 学号_____ 姓名_____

（3）建立新目录，建杯子三维模型。根据模型尺寸建立胚料实体，设置收缩率（4/1000），建立分模面，设计浇道系统。一模一穴，设计该零件的前模、后模和砂芯。

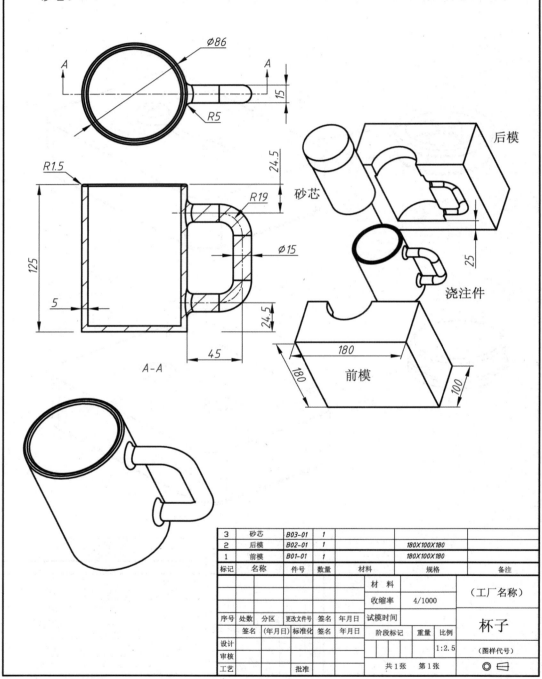

班级_____ 学号_____ 姓名_____

（4）建立新目录，读入已建好的鼠标上盖(见图2-59)三维模型。根据模型尺寸建立胚料(300×220×60)；设置收缩率（4/1000），建立分模面，设计浇道系统。一模四穴，设计该零件的型腔、型芯。

主流道 ⌀20、⌀15；分流道 ⌀8；
浇口 ⌀3。

型腔

浇注件

型芯

2	型腔	B02-01	1			
1	型芯	B01-01	1			
标记	名称	件号	数量	材料	规格	备注

材料		公司	鼠标上盖
收缩率	4/1000		

序号	处数	分区	更改文件号	签名	年月日	试模时间		
	签名	(年月日)	标准化	签名	年月日	阶段标记	重量	比例
设计								1:2.5
审核								
工艺			批准			共1张 第1张		

班级_____ 学号_____ 姓名_____

（5）按照图示尺寸进行塑件造型及注射模具型腔、型芯零件设计，一模两穴。塑件材料：ABS，收缩率0.5%，尺寸精度MT7。

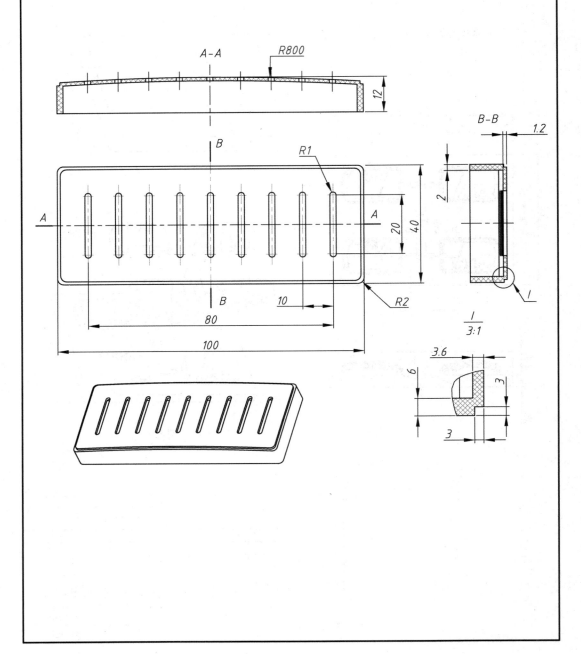

（6）按照图示尺寸进行塑件造型及注射模具型腔、型芯零件设计，一模两穴。塑件材料：ABS，收缩率0.5%，尺寸精度MT7。

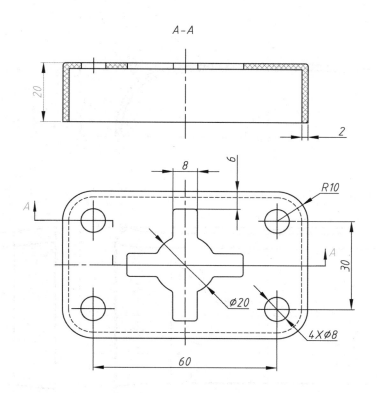

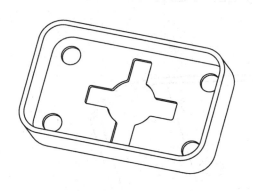

技术要求

1. 所有未注拔模斜度为1°。
2. 所有未注圆角为 $R1$。

（7） 按照图示尺寸进行塑件造型及注射模具型腔、型芯零件设计，一模两穴。塑件材料：ABS，收缩率0.5%，尺寸精度MT7。

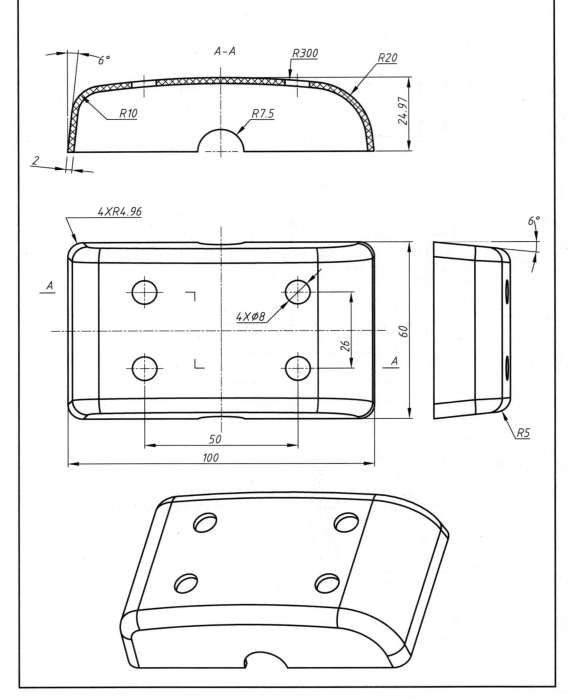

（8）按照图示尺寸进行塑件造型及注射模具型腔、型芯零件设计，一模两穴。塑件材料：ABS，收缩率0.5%，尺寸精度MT7。

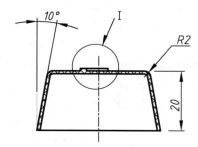
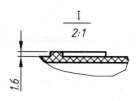
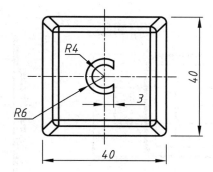

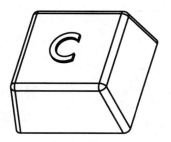

技术要求：
未注圆角为 R1。

（9）按照图示尺寸进行塑件造型及注射模具型腔、型芯零件设计，一模两穴。塑件材料：ABS，收缩率0.5%，尺寸精度MT7。

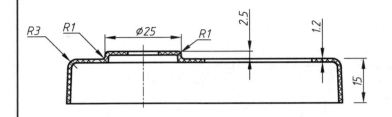

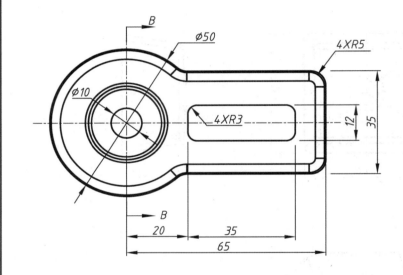

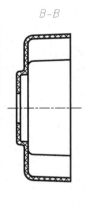

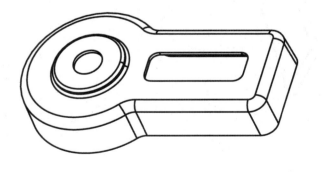

技术要求：

未注拔模斜度为2°。

班级_____ 学号_____ 姓名_____

（10）按照图示尺寸进行塑件造型及注射模具型腔、型芯零件设计，一模两穴。塑件材料：ABS，收缩率0.5%，尺寸精度MT7。

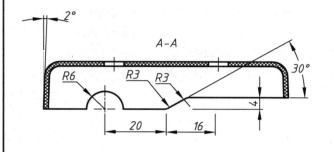
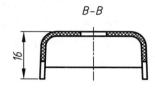
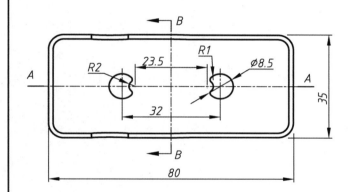
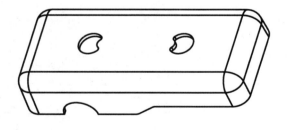

技术要求：
所有未注圆角为R5。

参 考 文 献

[1] 林清安. Pro/ENGINEER 野火 4.0 综合教程. 北京：电子工业出版社，2008
[2] 张秀玲. Pro/ENGINEER Wildfire 3.0 中文野火版基础教程. 北京：科学出版社，2009
[3] 张红松、胡仁喜、路纯红. SolidWorks 2011 中文版标准教程. 北京：科学出版社，2011
[4] 何满才. MasterCAM 9.0 习题精解. 北京：人民邮电出版社，2012
[5] 胡仁喜. UG NX 6.0 中文版从入门到精通. 北京：机械工业出版社，2009